果脯蜜饯加工技术

朱维军　编著

金盾出版社

内 容 提 要

本书系统介绍了果脯蜜饯食品加工的基础知识和操作技术，以及原料、辅料和食品添加剂的使用方法。详细阐述了上百种果脯、蜜饯类制品的原料与配方、生产工艺流程、操作技术要点。本书文字通俗易懂，技术先进，可操作性强，可作为食品加工企业、餐馆酒楼、个体加工作坊以及广大城乡居民家庭制作果脯蜜饯食品的参考书。

图书在版编目(CIP)数据

果脯蜜饯加工技术/朱维军编著．—北京：金盾出版社，2013.11

ISBN 978-7-5082-8508-5

Ⅰ.①果… Ⅱ.①朱… Ⅲ.①果脯加工 Ⅳ.①TS255.41

中国版本图书馆 CIP 数据核字(2013)第 129715 号

金盾出版社出版、总发行

北京太平路 5 号(地铁万寿路站往南)

邮政编码：100036 电话：68214039 83219215

传真：68276683 网址：www.jdcbs.cn

封面印刷：北京凌奇印刷有限责任公司

正文印刷：北京军迪印刷有限责任公司

装订：兴浩装订厂

各地新华书店经销

开本：850×1168 1/32 印张：5.875 字数：149 千字

2013 年 11 月第 1 版第 1 次印刷

印数：1～7 000 册 定价：12.00 元

前　言

水果蔬菜中含有丰富的维生素、矿物质、糖类、有机酸等各种营养物质，是促进人体发育和健康的必要食物。然而，果蔬生长成熟的季节性很强，组织结构脆嫩，含水量大，不易运输和贮藏。因此，大力发展果蔬加工业对于保证果蔬的常年供应，增加果蔬制品种类，改进果蔬制品风味，调剂果蔬的淡旺季等方面具有重要意义。

为了推广普及果蔬加工中的果脯蜜饯加工技术，本书深入浅出地介绍了果蔬中的化学成分，果脯蜜饯加工保藏原理，果脯蜜饯成品质量标准及质量控制，并用大量实例对果脯蜜饯的生产工艺做了简明阐述。

本书理论联系实际，尤其重视实际应用。可供从事果脯蜜饯加工业的技术人员参考，对中小企业开发产品也有启迪作用，同时也可用作食品加工技术的培训教材。

本书由河南农业职业学院朱维军主编，由蒋萌蒙、王向军同志参加编写。

因我国地大物博，果蔬资源丰富，书中内容很难覆盖全局。同时限于水平，书中不足之处，在所难免，敬请读者批评指正。

编著者

目　录

一、果脯蜜饯加工主要原辅料要求

（一）果蔬原料

果蔬加工原料质量的好坏是决定加工品质量的重要因素。果脯蜜饯加工必须有充足和优质的果蔬原料，“巧妇难为无米之炊”，没有优质原料，就不可能加工出优质加工品。有人形象地把果蔬原料基地比喻为加工厂的“第一车间”，就是说明原料对于果脯蜜饯加工的重要性。

原料基地按加工厂的生产要求，选择不同成熟期的原料品种，合理安排种植计划，适时进行无伤采收，提供充足的优质原料，保证原料的及时供应，才能保证果蔬加工品的质量和数量。

在选择果蔬原料时应注意以下几点：

1. 要选择新鲜无病虫害和无机械伤的原料，及时剔除腐烂变质及不符合要求的果蔬。

2. 要选择适宜的种类和品种。

3. 要选择适宜的成熟度的果蔬作原料。

4. 选择含水量较少，固形物含量较高，肉质致密，紧实，耐煮制，七八成熟的果蔬。

（二）水

水也是果脯蜜饯的主要原料，在果脯蜜饯加工过程中起着非常重要的作用。果脯蜜饯加工用水，要求水质透明、无色、无异味、无有害微生物，中等硬度，符合国家饮用水卫生标准。

水质按矿物质含量的多少分为软水和硬水。根据国家饮用水卫生标准规定水的硬度是将水中的全部矿物质换算为碳酸钙来计量，其单位为毫克/升。根据硬度将水分为6种：当水中的硬度以碳酸钙计小于71.4毫克/升为极软水；71.4～142.8毫克/升为软水；142.8～214.2毫克/升为中等硬度水；214.2～321.3毫克/升为较硬水；321.3～535.3毫克/升为硬水；大于535.3毫克/升为极硬水。

在果脯蜜饯生产中，要求使用较硬水，使制品耐加热、口感脆、成形好。若使用软水则造成果脯成形不好，煮制过程容易烂。

（三）糖类物质

糖在果脯蜜饯中的主要作用是：改善制品风味；提高营养价值；增加制品的安全性和保藏性，延长保藏时间。

生产中常用的糖类物质有白砂糖、蜂蜜、饴糖、果葡糖浆等，根据不同制品的需要，合理选用不同种类的糖，以满足生产工艺的要求。

1. 白砂糖

生产用蔗糖要求糖的晶粒细小，颜色洁白，质地绵软；溶解于清洁的水中，成清晰透明的水溶液；糖的晶体和水溶液甜味纯正，无结块现象，不应带有苦焦味、酒酸味和其他杂臭味；不允许含有夹杂物，特别是不允许含有金属夹杂物。食糖如带有酒味、酸味，是严重的变质现象，不宜食用和供食品加工用。

2. 蜂　蜜

蜂蜜的种类很多，一般按植物类别和花源的不同分为荔枝蜜、槐花蜜、枣花蜜、荆花蜜和龙眼蜜等。

蜂蜜的主要成分是葡萄糖和果糖，约占80%，所以蜂蜜味感极甜。蜂蜜还含有益于人体健康的各种酶、维生素、蛋白质、蜡质、天然香料、有机酸及泛酸钾等，并含有抗生素，蜂蜜营养全面，具有滋养心肌、保护肝脏、防止血管硬化的作用。加入蜂蜜的食品具有柔软清香，色、香、味兼优的特点。

3. 饴　糖

饴糖是利用发芽的大麦粒内的麦芽酶作用于淀粉，使淀粉糖化后产生的一种中间产物，它是浅黄、黏稠、透明的液体，具有麦芽糖的特殊风味。饴糖的主要成分为麦芽糖与糊精，饴糖如含糊精量高，则性黏而甜味淡；反之如含麦芽糖量高，则流动性大，黏度低，味更甜，不耐高温，易呈色，产生焦糖。

饴糖如含过多的麦芽糖，对热就显得不稳定，吸水汽性就相应地增加，致使在保存中容易发烊。

饴糖在生产中要检测其杂质含量，饴糖如含有淀粉、油脂及蛋白质，则很容易使酸度增高，出现大量泡沫和产生酒味。

由于饴糖的流动性大，溶解度小，可以延缓结晶的发生，所以在生产中可作防砂剂。并且由于饴糖易呈色，故对制品的色泽起很好的作用。饴糖的吸湿性很大，对保持制品的柔软有良好的作用。

（四）食盐及香辛料

加料蜜饯类的生产制作中，为了使产品具有良好的风味，在糖渍过程中，还需加少量食盐及甘草、桂花、陈皮、厚朴、玫瑰、丁香、豆蔻、肉桂、茴香等香辛料。

1. 食　盐

在凉果制作中用高浓度的食盐将原料腌渍成盐坯，制作成半成品保存，然后进行脱盐、配料等后续工艺加工制成成品。首先食盐溶液能够产生强大的渗透压使微生物细胞失水，处于假死状态，不能活动。其次食盐能使食品的水分活性降低，使微生物的活动能力减弱。另外，由于盐液中氧的溶解量很少，使许多好气性微生物难以滋生，从而使半成品得以保存，避免了果品蔬菜的自身溃败。但是，在盐腌过程中，果蔬中的可溶性固形物要渗出损失一部分，半成品再加工成成品过程中，还须用清水反复漂洗脱盐，又使可溶性固形物大量流失，使产品的营养成分保存不多，从而影响了产品的营养价值。

2. 甘　草

甘草味甘，性平；归脾、胃、心、肺经；气和性缓，可升可降；具有益气补中，缓急止痛，润肺止咳，泻火解毒，调和药性的功效。

3. 陈　皮

为芸香科植物橘及其栽培变种的成熟果皮。气香，味辛而微苦。广陈皮果皮多剖成 3～4 瓣，基部相连，形状整齐有序，厚度约 1 毫米。点状油室较大，对光照视透明清晰，质较柔软。均以片大、色鲜、油润、质软、香气浓、味甜苦辛者为佳。

4. 肉　桂

厚肉桂皮粗糙，味厚，皮色呈紫红，炖肉用最佳；薄肉桂外皮微细，肉纹细、味薄、香味少，表皮发灰色，里皮红黄色，用途与厚肉桂相同。气香浓烈，味甜、辣。

5. 茴　香

它的籽实和茎叶部分都具有香气，常被用来作包子、饺子等食品的馅料。它们所含的主要成分都是茴香油，能刺激胃肠神经血管，促进消化液分泌，增加胃肠蠕动，排除积存的气体，所以有健胃、行气的功效；有时胃肠蠕动在兴奋后又会降低，因而有助于缓解痉挛、减轻疼痛。

（五）常用的添加剂

食品添加剂是指为改善食品品质和色、香、味以及为防腐和加工工艺的需要加入食品中的化学合成的或者天然的物质。在果脯蜜饯加工中，常用的添加剂有抗氧化剂、酸味剂、香精、色素、防腐剂等。

1. 抗氧化剂

抗氧化剂是指能阻止或延迟食品氧化，提高食品稳定性和延长贮存期的食品添加剂。

抗氧化剂的种类有水溶性抗氧化剂和油溶性抗氧化剂，在生产中常用的有：丁基羟基茴香醚、二丁基羟基甲苯、没食子酸内酯、维生素 E 等，在使用过程中应严格按照商品说明书中的要求和比例添加，以保证使用的效果。

2. 香精、香料

香精、香料是指为改善制品风味为目的，加入制品中的添加剂。在果脯蜜饯中广泛应用，在使用香精、香料时要注意：

（1）选择香精、香料时，要考虑和其他原辅料风味配合的问题，突出主体风味，否则反而会使风味变化。

(2)每次使用后要及时密封,防止挥发。

(3)添加量应控制在国家规定的范围内。

3. 色　素

色素也是果脯蜜饯中常用的添加剂之一,其作用主要是提高制品的色泽,改善制品外观。常用的色素有天然色素与化学合成色素。

天然色素　天然色素主要有动、植物组织中提取的色素。如红曲色素、姜黄素、胡萝卜素、叶绿素、可可粉、虫胶素、核黄素等。天然色素,色泽自然,而且不少品种兼有营养价值,有的还有一定的药物疗效,有较高的安全性,但着色效果和稳定性不如合成色素。

合成色素　合成色素是利用某些物质通过一定手段人工合成的色素。常用的有苋菜红、胭脂红、柠檬黄、靛蓝 4 种。合成色素色泽鲜艳,性质稳定,着染性好,使用方便,价格便宜,但无任何营养价值,绝大多数有一定的毒性,对人体有害,使用量必须限制在一定的范围内,以保证食用安全。

4. 防腐剂

防腐剂是食品中常用的食品添加剂,其主要作用是防止食品腐败变质,延长食品的保质时间,在食品中常用的防腐剂有苯甲酸、山梨酸及其盐类。

苯甲酸钠是一种常用的防腐剂,为白色的颗粒或结晶状粉末,无臭或微带安息香的气味,味微甜而有收敛性。一般使用方法是加适量的水将苯甲酸钠溶解后,再加入食品中搅拌均匀即可。苯甲酸钠易溶于水,但使用时不能与酸接触,苯甲酸钠遇酸易转化成苯甲酸,可沉淀于容器的底部。

5. 代糖甜味剂

甜味剂是加入食品中呈现甜味的天然合成物质。常用的代糖甜味剂有如下几种。

甜蜜素 甜蜜素(环已基氨基磺酸钠)在蜜饯、凉果中用量较大,取代部分蔗糖,与蔗糖混合使用效果最佳。甜蜜素化学名称为环已基胺基磺酸钠,白色粉状结晶体,性质稳定,易溶于水,具有甜度高、口感好、无异味等特点。它有蔗糖风味,又兼有蜜香,产品不吸潮,易贮藏,成本低,耐酸、耐碱、耐盐、耐热,为蔗糖甜度的50倍,属低热值甜味剂。

甘草酸苷 甘草酸苷系由甘草的根茎制得,纯品甜度为蔗糖的200～250倍,呈白色结晶状粉末,甜味在口中缓慢出现,回味时间较长。甘草是豆科多年生植物,为我国最常用的中草药之一,有解毒保肝的功能,为食品的矫味剂,广泛用于蜜饯、凉果加工。含有甘草酸苷的产品,主要有甘草酸二钠和甘草酸三钠以及甘草末或甘草抽提物。甘草末系将甘草根茎干燥后粉碎制成的粉末,为淡黄色,有微弱的特异气味,具有甜味,并带有苦味。甘草抽提物是用水浸提甘草后,将淡黄色抽提液过滤、浓缩,制得黑褐色黏稠液体,有特别的甜味及微弱香气,并带有苦味。甘草浓缩液用稀乙醇精制即得甘草酸结晶,而后再将其精制成钠盐,性状为白色至淡黄色粉末,味极甜,易溶于水。

甜叶菊苷 甜叶菊苷从甜叶菊叶中提取制得,属植物型甜味剂,甜度为蔗糖的300倍。经加工提制的甜叶菊苷混合物为白色粉末,性状稳定,不易分解,不易吸湿、加热,遇酸不变化,易溶于水,微带苦味。

甜叶菊苷安全性高,发热量极低,无发酵性,经热处理无褐变作用。但溶解速度慢,渗透性差,在口中残味时间较长,不被人体吸收。若和糖类并用效果较好,但代糖量达30%以上就有后苦味。用于某些特异口味的食品和饮料，可增加风味。

甜味素 甜味素也称阿斯巴甜（Aspartame），它是一种二肽衍生物类甜味剂，呈白色结晶状粉末，全名为天冬酰苯丙氨酸甲酯，相对分子质量为294，为二肽酯。微溶于水，其溶解度随温度升高而升高。在常温下纯水可溶解1%，在pH值为2以下可溶解15%，pH值为5.2时溶解度最低。甜度大约是蔗糖的160～220倍。甜味与蔗糖相似，无苦味或金属味的后味，甜味持续时间较长。它能增强果汁饮料的风味。与蔗糖、果糖、葡萄糖、山梨醇等呈相加效应；产热量为蔗糖的1/2 000（16·76千焦/克）；在口腔内不产生乳酸，不会导致龋齿；其代谢无需胰岛素参加，对糖尿病患者也有益无害，但低苯丙酮症者不宜食用。

甜味素的稳定性受时间、温度、湿度以及制品的pH值因素影响。温度一定，若时间延长，则残存量减少，时间一定，若温度上升，残存量也减少。最稳定的pH值为3～5，最适宜的pH值为4.3。温度越高，水解和成环速度越快。40℃以下最稳定，80℃以下短时间和超高温瞬时加工后损失很少，强热能使其分解，失去甜味。因此，加热时应尽量使pH值接近4.2，允许pH值在3～5波动。配料时应在加热过程的末尾加入，加热后应尽快冷却。

安赛蜜（Acesulfame-K） 安赛蜜（乙酰磺胺酸钾）是最新合成的甜味剂，是一种氧硫杂环吖嗪酮类化合物，分子结构类似糖精。由于它性质稳定、甜味爽口、没有不良后味，同时价格便宜，所以备受人们的喜爱，是一个很有发展前途的新型甜味剂。

安赛蜜为白色结晶状粉末，易溶于水，20℃时的溶解度为270克/升，且随温度升高，溶解度增加很快，且对热对酸性质稳定。安赛蜜的甜度大约是蔗糖的200倍，其甜味感觉快，没有不愉快的后味，味觉不延留。

(六)果蔬中的主要化学成分及加工特性

果蔬原料是由许多化学物质组成的,并且这些化学物质大多数是人体所需要的营养成分。这些化学成分会在加工中发生各种各样的变化,有些变化是我们所需要的,可以帮助提高产品质量;而有些不利变化会导致果蔬及其制品保质期缩短、腐败变质、营养成分损失、风味和色泽变差及质地变劣。因此,了解和掌握果蔬中的化学成分及其在加工中性质的变化,对合理选用加工工艺和参数具有重要意义。

1. 碳水化合物

碳水化合物是果蔬干物质中的主要成分,其含量仅次于水分,主要包括糖类、淀粉、纤维素、半纤维素、果胶等物质。

糖类 果蔬中的糖类主要是蔗糖、葡萄糖、果糖。一般情况下,水果中的总糖含量为10%左右,其中仁果类和浆果类中还原糖类较多,核果类中蔗糖含量较多,坚果类中糖的含量较少。蔬菜中除了甜菜以外,糖的含量较少。糖类因种类不同而甜度差别较大,实际生产中用糖酸比来决定制品的口味。糖酸比是原料或产品中糖的含量与酸的含量的比值,只有在接近适当糖酸比的条件下,才能使风味更好地体现。

糖是微生物的营养物质,有利于微生物的生长繁殖,易引起果蔬制品腐败变质,这在加工过程中应尽量防止。另外在较高的pH值或较高的温度下,还原糖则易与氨基酸或蛋白质发生反应,使加工品发生褐变,直接影响产品的颜色和风味。

当糖液浓度大于70%时,黏度较高,生产过程中产生较大阻力,并且在降温时还容易产生结晶析出。但在浓度较低时,产品容易遭受微生物的污染。故在蜜饯生产过程中,糖液使用浓度一般最高控制在55％～65％。

淀粉 淀粉为多糖类，主要存在于块根、块茎和豆类蔬菜中，水果中一般含量较少。加工淀粉含量高的原料时，为了防止由于淀粉而引起的沉淀、浑浊现象，一方面要控制好原料的成熟度，另一方面就是要选择合适的工艺参数。

纤维素和半纤维素 纤维素和半纤维素都是植物的骨架物质，是细胞壁和皮层的主要成分，对果蔬的形态起支持作用。纤维素不能被人体吸收，但能刺激肠道蠕动，有助于消化。纤维素和半纤维素含量高的原料在蜜饯加工中会影响到产品的口感。因此，加工中其含量越少，品质越好。

果胶 果胶物质是一类成分比较复杂的多糖，水果中的果胶一般是高甲氧基果胶，蔬菜中的果胶为低甲氧基果胶。在果蔬组织中的果胶物质以原果胶、果胶、果胶酸3种形式存在。果胶酸有使碱土金属成为非盐性的能力。例如，果胶酸与钙化合后，即可生成果胶酸钙而不溶于水，并成为胶冻状沉淀，在加工中常利用这一性质增加蔬菜硬度。

2. 有机酸

果蔬中的有机酸主要有苹果酸、柠檬酸、草酸、乙酸和苯甲酸等。果蔬中有机酸的含量不但直接影响着蔬菜的风味品质，而且与加工工艺的选择确定有十分密切的关系。由于有机酸对微生物有一定的抑制作用，酸还与酶的活力、色素物质的变化以及维生素C的保存有关。酸易与一些金属发生化学反应，影响加工品品质，并侵蚀金属容器。因此，掌握酸的加工特性是非常重要的。

3. 含氮物质

果蔬中含氮物质主要有蛋白质、氨基酸、酰胺、氨的化合物及硝酸盐等。果实中除了坚果外，含氮物质一般都比较少，在

0.2%～1.5%。果蔬中含氮物质在蔬菜加工中可以使制品变色，如糖与氨基酸反应生成黑蛋白，使制品呈现褐色。

4. 单宁物质

单宁物质在果蔬中含量不高，但对果蔬的食用和加工品质有一定影响。单宁含量高时会给人带来很不舒服的收敛性涩感，而适度的单宁含量可以给产品带来清凉的感觉，也可以强化酸味的作用。

在加工中，单宁物质能氧化成暗红色物质，单宁含量越高则变色越快，所以加工时采用热烫及硫处理抑制酶的活力，或是去皮、切分后放入盐水或清水中来减少氧的供给，从而减少单宁与酶、氧作用，以达到防止变色目的。此外，单宁遇铁后变为墨绿色，遇锡变为玫瑰色，遇碱作用会变黑，所以在包装材料和预处理工艺中避免果蔬与这些物质接触。

5. 酶

酶是生活细胞所产生的生物催化剂，新鲜果蔬细胞中所有的生物化学反应，都是在酶的参与下进行的。在蜜饯加工过程中，酶也是引起风味品质变坏和营养成分损失的重要因素。所以，需要采用各种处理和加工方法，在一定程度上抑制酶的活力，尽量减少营养物质损失和风味的改变，以保证加工品具有优良的品质。

6. 色素物质

多种不同种类的色素，使果蔬呈现各种不同的颜色，现按其所呈颜色的不同简述如下。

叶绿素　叶绿素不溶于水，性质不稳定，在空气中和日光下易被分解而破坏。因此，果蔬在加工过程中，叶绿素常会分解，而使其他色素呈现，影响制品外观品质。

类胡萝卜素 类胡萝卜素主要包括胡萝卜素、番茄红素、叶黄素等。类胡萝卜素是一大类脂溶性的色素，对热、酸、碱具有稳定性，但光照和氧气能引起它的分解，使果蔬褪色。

花青素 花青素是水溶性色素，存在于表皮的细胞液中，在果实成熟时合成，是果蔬红、蓝色、紫色的主要来源。如苹果、葡萄、李、草莓、心里美萝卜成熟时显示的颜色。花青素是一种感光色素，性质极不稳定，容易与多种物质反应，呈现各种不同的颜色。如遇酸性物质呈红色，遇碱性物质呈蓝色，遇盐呈紫色，与金属（如铁、锡、镍、铜等）作用呈淡蓝色或紫色，遇光后呈褐色。

7. 维生素物质

维生素对人体营养很重要，它能维持人体正常的生理功能。加工过程中如何保持原料中原有的维生素和强化维生素是经常遇到的问题。

维生素A原（胡萝卜素） 维生素A是脂溶性的，只存在于动物性食品中，但在植物体中广泛存在维生素A原。当维生素A原进入人体后，经肝脏可转变为维生素A。人体如果缺乏维生素A，往往会引起夜盲症和干眼症，同时体力衰弱，皮肤干燥，生长受到抑制。

维生素A比较稳定，耐高温，但在加热时遇氧易氧化。在碱性溶液中比在酸性溶液中稳定。

维生素C 维生素C是一种水溶性的维生素，在酸性溶液和浓度较大的糖溶液中比较稳定；在碱性条件下不稳定，受热易破坏，也容易被氧化，在高温、光照和有铜、铁离子存在的条件下，更易被氧化。

8. 矿物质

果蔬中含有多种人体必需的矿物质，如钙、磷、铁、钾、钠等。

这些矿物质除为人机体构成的主要成分外，还能保持人体血液和体液中一定的 pH 值。植物体中大部分矿物质与酸结合成盐类；小部分与大分子结合在一起，参与有机体的构成，如蛋白质中的硫、磷，叶绿素中的镁等。

9. 芳香物质

果蔬的香味是由其本身所含有的芳香成分决定的，芳香成分的含量随果蔬成熟度的增大而提高，只有当果蔬完全成熟的时候，其香气才能很好地表现出来。果蔬中芳香物质的含量很少，而且其性质是低沸点、易挥发，所以可增进风味，提高食品的可消化率。

果蔬在加工过程中，采用高温处理和真空浓缩时，若控制不好，会造成芳香成分的较大损失，使产品品质下降。

二、果脯蜜饯加工原理与卫生要求

(一)果脯蜜饯加工原理

果脯蜜饯之所以能够长期保存,并具有良好的外观,主要原理是利用食糖的保藏作用。食糖的保藏作用有以下几个方面。

1. 高浓度食糖的高渗透压作用

高浓度食糖能够产生强大的渗透压。据测定,1%的蔗糖溶液可产生 71 千帕的渗透压,果脯蜜饯一般含 60%~70%的糖(以可溶性固形物计),可产生相当于 4.1~4.9 兆帕的渗透压;而大多数微生物的耐压能力只有 0.35~1.6 兆帕。果脯蜜饯中食糖所产生的渗透压远远高于微生物的耐压能力,在如此高浓度的糖液中,微生物细胞里的水分就会通过细胞膜向外流动,形成反渗透现象,微生物则会因失水而产生生理干燥现象,严重时会出现质壁分离,从而抑制微生物的生长。

2. 降低水分活性

高浓度的食糖可使糖制品中水分活性下降,从而也抑制了微生物的生长。新鲜果蔬水分活性(Aw)一般在 0.98~0.99,微生物很容易利用,而含糖 48%时(温度为 25℃以下),水分活性为 0.94;含糖为 67.2%时,水分活性为 0.85,这时的水分微生物很难再利用,从而也阻止了微生物的活动。

3. 抗氧化作用

高浓度食糖具有较强的抗氧化作用，是糖制品能够长期保存的又一原因。由于氧在糖液中溶解量与糖液浓度成反比，浓度越高，氧气含量越低，如在60%的食糖溶液中，氧的溶解量相当于纯水中的1/6，所以在加工过程中氧化作用很小，酶的活性也减小，有利于糖制品的光泽、风味及维生素的保存。

（二）糖的性质

糖的性质主要包括糖的溶解度、糖的转化、糖的甜度、糖的吸湿性和糖的沸点。糖的性质对果脯蜜饯的工艺技术参数、制品质量有很大影响。了解糖的性质是为了合理地使用糖和更好地控制糖制工艺条件，提高果脯蜜饯制品的产量和质量。

1. 食糖的甜度

食糖的甜度受食糖的种类、浓度、温度的影响而变化。糖的甜味还受其他味道的影响，如咸味、酸味等。适当的糖酸比是形成各种制品特有风味的重要基础之一。

各种糖都具有一定的甜度，甜度不同，糖制品的风味也不同。甜度是一个相对值，它是以蔗糖的甜度为标准（其值为100），其他糖和蔗糖相比较而得出的数值（表1）。

表1　几种糖的相对甜度　（以蔗糖为100%）

种　类	相对甜度
蔗　糖	100
玉米糖浆	30

续表 1

种　类	相对甜度
转化糖	123～130
果　糖	173.3
蜂　蜜	97
葡萄糖	74.3
麦芽糖	33

蔗糖的甜味和风味纯正，所以在生产中经常使用。其次为麦芽糖、淀粉糖。糖制加工使用的麦芽糖不是纯麦芽糖，而是由淀粉糖化而成的，含有不少糊精等杂质，一般称为“饴糖”。葡萄糖甜中带酸涩，容易发生褐变，而且价格高，故生产上不采用。淀粉糖浆的甜度约等于蔗糖的 30％，常用来代替部分蔗糖（45％～50％）生产低糖产品。凉果类制品加工通常使用甘草、糖精钠、甜蜜素等甜味剂。

2. 糖的溶解度和晶析

糖的溶解度是指在一定温度下，一定量的饱和糖液中各种糖溶解于水，其溶解度的大小因糖的种类及溶解温度的不同而不同，糖的溶解度对糖制品品质和保藏性影响较大。糖制品中液态部分达到饱和时即析出结晶，从而降低了含糖量，削弱了保藏作用，同时也有损果脯制品的品质；相反，也可以利用这一性质，对部分干态蜜饯进行上糖衣的操作（表 2）。

表 2　不同温度下几种食糖的溶解度

种类 \ 温度(℃)	0	10	20	30	40	50	60	70	80	90
蔗　糖	64.2	65.6	67.1	68.7	70.4	72.2	74.2	76.2	78.4	82.6
果　糖			78.9	81.5	84.3	86.9				
葡萄糖	35.0	41.6	47.7	54.6	61.8	70.9	74.7	78.0	81.3	84.7
转化糖		56.6	62.6	69.7	74.8	81.9				

从表中可以看出：

第一，60℃时蔗糖与葡萄糖的溶解度几乎相等。60℃以下，蔗糖溶解度大于葡萄糖的溶解度，所以低温下葡萄糖很容易结晶析出。因此，糖制时以蔗糖为主要原料。

第二，当温度为 10℃时，蔗糖的溶解度为 65.6 克，与糖制所要求的糖的浓度接近；当温度低于 10℃时，由于溶解度降低即析出结晶。因此，果脯蜜饯制品保存温度应在 10℃以上。

在实际生产操作中，为防止晶析的出现，常加入淀粉糖浆、蜂蜜、饴糖等，这些物质在蔗糖结晶过程中，有抑制晶核的形成、降低结晶速度和增加糖液饱和度的作用。

3. 蔗糖的转化

蔗糖在加工过程中，特别是在酸性和加热条件下容易转化为葡萄糖和果糖，称为转化糖。在果品糖制时有重要作用，可以提高蔗糖液的饱和度，抑制蔗糖的结晶，增大渗透压，加强制品的保藏性以及增进制品的甜度，并赋予制品蜜糖味。但在制造返砂蜜饯时则需要限制蔗糖转化，否则不能形成再结晶的糖霜状态制品。

果蔬糖制时，糖液中转化糖达到 30%～40%时，蔗糖就不会结晶。但蔗糖过度转化时，反而降低糖的溶解度，产生葡萄糖结晶,同时使产品吸湿性增大。

蔗糖在酸性(最适 pH 值 2.5)和高温条件下容易转化。因此,在糖煮时若需要转化,可补加适量的柠檬酸或酸果汁;若糖煮时不需要转化,则可采取措施减少原料的含酸量,避免长时间加热。

4. 糖的吸湿性

食糖具有吸收周围环境中水分的能力,即吸湿性。糖制品吸湿后,降低了糖制品的糖浓度,因而削弱了糖的保藏作用。糖的吸湿性与糖的种类及空气相对湿度有关,空气相对湿度越大,则越容易吸湿。果糖和麦芽糖的吸湿性最大,其次是葡萄糖,蔗糖最小。糖制品要注意防潮包装,贮藏干燥处。

各种糖的吸湿性不同,以果糖吸湿性最强,葡萄糖次之,蔗糖最小(表 3)。

表 3 几种糖在 25℃下 7 天内的吸湿量 (%)

种 类	空气相对湿度(%)		
	62.7	81.6	98.9
蔗 糖	0.00	0.05	13.53
葡萄糖	0.04	5.19	15.02
麦芽糖	9.77	9.80	11.11
果 糖	2.61	18.58	30.74

5. 糖的沸点

糖液的沸点随糖浓度的上升而升高,同时也受海拔高度的影响,海拔越低,沸点越高。糖制品糖煮时常利用糖液的沸点温度上升数来控制收锅终点，估计制成品的可溶性固形物含量。例如果酱类收锅时温度达104℃～105℃，糖类浓度可达60％，可溶性固形物为60％～65％（表4）。

表4　101.592千帕下不同浓度蔗糖液的沸点

浓度（％）	沸点（℃）	浓度（％）	沸点（℃）	浓度（％）	沸点（℃）	浓度（％）	沸点（℃）
50	102.2	58	103.3	66	105.1	74	108.2
52	102.5	60	103.7	68	105.6	76	109.4
54	102.8	62	104.1	70	106.5	80	112.0
56	103.0	64	104.6	72	107.2	90	130.8

（三）果脯蜜饯加工的卫生要求

果脯蜜饯加工过程中，应重视各个环节的卫生，卫生工作直接关系着消费者的身体健康，因此应特别注意。果脯蜜饯生产的卫生包括原材料卫生、工厂环境卫生、生产设备卫生、用水卫生、废水废料的清除和利用、工作人员卫生等，果脯蜜饯生产的各个环节都必须符合卫生要求。只有这样才能保证品质，生产出清洁卫生、美味可口的果脯蜜饯。

1. 加工场所的卫生要求

果脯蜜饯加工场所应符合食品卫生要求，应经过卫生监督部门的验收后方可使用。生产车间应设有合乎卫生要求的洗手设备，下水道口要有“地漏”，保证生产废水及时排出，车间应有防尘、防蝇和防鼠设施，设置纱门窗和纱罩。车间内应保证通风，自然采光良好，因为生产过程产生气雾，所以车间内要设置吸烟罩和排风扇。车间地面可根据需要用水磨石或水泥铺设,要求表面光滑,有一定倾斜度,冲洗后地面不积水,墙板应采用光滑材料。墙壁下部,至少有2米,须用瓷砖水泥覆盖,以便冲洗。

2. 原材料及成品的卫生要求

原材料卫生是果脯蜜饯生产的关键,生产所用各种原料必须符合食品卫生要求,各种添加剂必须是国家允许使用的食用级添加剂,添加量应按国家规定执行。

(1)原料使用前应认真检查,及时除去腐烂变质原料,不得将腐烂变质原料掺入新鲜原料中使用。

(2)生产用水应符合国家饮用水卫生标准。

(3)生产所用各种原料应按要求单独存放,不要互相混合,保持存放场所通风、干燥。

(4)对于易腐烂的果蔬原料,应采用低温贮存。

3. 生产设备的卫生要求

果脯蜜饯生产设备的选择与卫生要求,对产品质量有密切关系,与食品直接接触的各种大小设备,要求用不锈钢制成,严禁用各种有害金属,以免食品中重金属含量超过标准。与食品直接接触的部件,均应容易拆装,便于清洗、检查和修理。

一般输送物料的管道、管件、阀门、接头均应采用光洁而耐腐蚀的材料制成,并要求拆装方便、便于清洗。

生产设备在每次使用前后都应及时清洗,应根据生产流程顺序放置机器。加工操作时所用工具、容器、用具、设备必须保持清洁,并经常用清洁水、热水、碱水或漂白粉水进行冲洗消毒。

4. 生产人员的卫生要求

生产人员直接和食品接触,直接影响食品的卫生。因此,生产人员必须做到如下几点。

(1)加强卫生知识教育,养成良好的卫生习惯,提高卫生水平,使人人严格遵守卫生制度,讲究卫生。

(2)定期进行健康检查,凡属肠道传染病患者、传染性肝炎、活动性结核、化脓性或渗出性皮肤病等患者,均不能直接参加食品生产。

(3)进车间前工作服、帽、鞋必须穿戴整齐,保持清洁。不准在车间里吸烟,不能随地吐痰,以免污染食品。

(4)注意个人卫生,做到"四勤"即勤理发洗澡,勤洗手剪指甲,勤换衣服,勤洗工作服。不得将工作服穿出工作场所之外。

(四)防止食品污染

食品污染是指食品中有外来的有害于健康的病原微生物、化学物质以及放射性物质。这些污染引起的果脯蜜饯变质,一般表现在 2 个方面:一是原材料;二是果脯蜜饯本身。不论哪一方面都会直接或间接影响产品的食用价值和人体健康。

引起果脯蜜饯腐败的因素很多,具体情况相当复杂,一般可分为物理性因素、微生物污染和化学性污染 3 个方面。

1. 物理性因素

致使果脯蜜饯败坏的物理性因素主要是光线、温度和压力 3 方面,日光的照射与暴晒,促进食品成分水解,引起变色、变味和维生素 C 的损失。强光直接照射在食品上或食品包装容器上会间接地影响温度的提高,温度的过高或过低,对食品保藏都是不利的。高温加速各种化学的、生化的变化,增加挥发性物质的损失,使食品成分、重量、体积和外观发生改变。温度过低产生冰冻,亦影响品质。压力主要是指重物的挤压,使食品变形或破裂,使汁液流失，外观不良。

2. 微生物污染

微生物污染是果脯蜜饯污染的主要原因，食品腐败变质主要是由于微生物活动所致。微生物是一种肉眼不能观察到的微小生物，且具有繁殖速度快、存在范围广的特点，如细菌、霉菌、酵母菌等大量地存在于食品及周围环境中，它们无处不在、无孔不入，在果脯蜜饯生产的各个环节都可能造成微生物污染。因此为了保证产品合乎食品卫生要求，必须注意原料卫生、生产环境卫生、工作人员卫生、包装材料卫生、存放环境卫生等。加强产品的卫生检查，发现腐败变质产品及时除去。

3. 化学性污染

化学性污染是由于各种化学物质（如添加剂）的过量使用，使果脯蜜饯中有毒物质超过国家规定的使用量，而不能食用。果脯蜜饯中使用的食品添加剂种类很多，如防腐剂、硬化剂、色素、香精香料等，它们不同程度地都会对人体造成危害，国家对食品添加剂的使用规定了严格的使用范围。因此，在选择添加剂时，应首先充分考虑它的卫生要求，必须严格贯彻执行有关部门对添加剂的规定和应用方法，以保证果脯蜜饯生产的安全性。

三、果脯蜜饯一般加工技术

(一)工艺流程

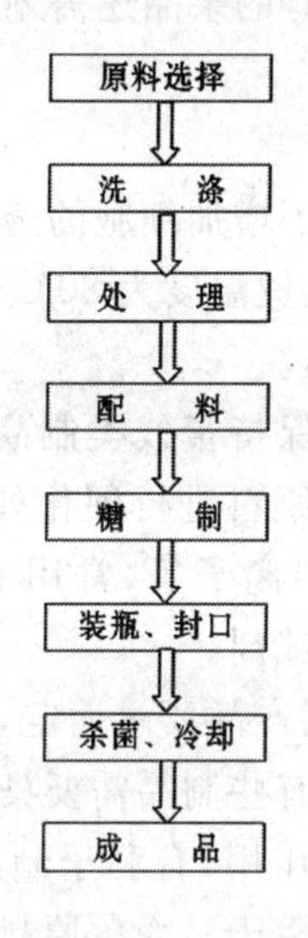

(二)操作要点

1. 选　料

用于制作果脯蜜饯的原料,应含水量较少,固形物含量较高,肉质致密、坚实、耐煮制。大多数果品和蔬菜都可以作为制作蜜饯的原料。

2. 去皮、切分

生产产品的要求不同，采用的处理方法也不同，有的要求除去坚硬的表皮，有的不需除去，生产果脯需去核、去籽，生产冬瓜条需去皮、去心，大的果实必须切分处理，以保证大小均匀和糖制操作的方便。切分时根据要求可切成条、丝、丁、块等不同形状。同时为方便浸糖和外形美观，有的果品还需划缝、刺孔和雕刻。

3. 原料处理

(1)热烫 热烫是为了增加细胞的透性和灭酶，热烫必须注意温度、时间的关系，一般热烫温度为80℃～85℃，处理时间为3～5分钟。以原料烫透为标准。

(2)硬化处理 为了保持蜜饯类制品形态完整、质地松脆、增强耐煮性，在糖制前需对原料进行硬化处理。硬化的方法是用金属离子处理，如钙离子、铝离子等，常用的硬化剂有消石灰、氯化钙、明矾和亚硫酸氢钙等试剂。

硬化剂的选择需根据产品要求而定，如冬瓜条要求产品洁白，应选择氯化钙作硬化剂；有些制品需要染色处理，则选用明矾作硬化剂，因为明矾具有媒染作用，有利于制品着色；亚硫酸氢钙具有脱色和硬化双重作用，适用于易变色原料的硬化。

硬化剂的用量要适度，一般要求为0.1%～0.2%，如果使用过量，就会生成过量的果胶酸盐或引起部分纤维素的钙化，从而影响糖分对原料的浸透，或导致制品粗糙、质量变劣。处理时间因品种和浓度的不同而不同，一般将原料在配制好的溶液中浸泡12～16小时。浸泡后及时捞出，在流动水中充分冲洗，除去附着在原料表面的试剂，沥干后备用。

(3)硫处理 为防止加工前原料变色，增加产品的明亮色泽，提高防腐能力，在糖制前对原料进行硫处理。硫处理的方法有 2 种，一是用硫磺熏蒸；二是用亚硫酸盐浸泡。

硫磺熏蒸是将原料放在密闭的容器中，是按原料重量的 0.1%～0.2%硫磺，在密闭容器内点燃熏蒸数小时；浸硫是将原料浸泡在 0.1%～0.15%亚硫酸或亚硫酸盐溶液中数小时，处理后的原料应进行漂洗，除去残留在表面的亚硫酸溶液，采用马口铁罐包装的制品或采用马口铁盖封口的制品，脱硫更应充分，防止硫与铁反应，生成黑色沉淀，影响制品色泽。

(4)染色 对于某些制品要求具有鲜明的色泽，常需人工染色。如红绿丝、糖青梅、糖樱桃等，染色的色素有天然色素和合成色素，天然色素有姜黄素、胡萝卜素、叶绿素等；人工合成色素有苋菜红、胭脂红、靛蓝、柠檬黄等。

染色的方法有 2 种：一是将待染色的果蔬原料直接浸入色素溶液中；另一种是将色素溶于糖液中，在糖制时进行着色。为增进染色效果，常用明矾作助染剂。

4. 糖 制

糖制就是糖分渗入到原料组织中的过程。糖分的渗入要求时间短，渗入充分，糖分渗入越多，糖制品越饱满，制品外观越好，越耐藏。糖制的方法有以下几种。

(1)加糖蜜制 加糖蜜制也称冷浸法，它是利用高浓度糖液的高渗透压，向原料内不断渗透，最后原料组织内的糖分与糖液浓度达到平衡，即为成品。加糖蜜制可以在原料上直接加糖，一层原料一层砂糖，也可配成一定浓度的糖液，将原料在糖液中浸渍。这种方法南方蜜饯常用。

(2)加糖煮制 加糖煮制方法是通过加热的方法使糖迅速渗透到原料组织内，也称热浸法。加热煮制是目前大多数蜜饯类制品的主要工序。煮制的方法有一次煮成法和多次煮成法。这种方法北方果脯常用。

一次煮成法是将原料一次加热煮成。适合于含水量较低，细胞间隙大，组织结构疏松的原料。糖制时采用分次加糖，先配制40%的糖液加热煮沸，再放入处理好的原料继续加热保持沸腾，然后逐次加糖，直到最后糖液浓度达到65%以上时即可。煮制过程中要不断搅拌，防止锅底煳化，煮制结束后再浸泡12小时，捞出沥干糖液。

分次加糖的目的是保持果实内外糖液浓度差异不致过大，以使糖逐渐均匀渗透到果蔬组织中去，这样蜜饯才显得饱满、外观质量好。如果一次加糖过多，溶液浓度过大，果实组织因糖液渗透压过大而急剧收缩，糖分反而不易渗入，容易造成制品干缩不饱满，影响外观质量。

多次煮成法是将原料通过多次加热煮制而成。适合含水量较低，组织结构致密，煮制过程中易于软烂的原料。这些原料若一次煮成，会因加热时间过长而软烂，如桃、杏、橘、梨等原料多采用多次煮成法。

多次煮成法一般分3～5次，第一次入锅浓度为30%～40%，煮沸后投入处理过的原料，煮至肉质转软，倾入缸中冷却静止24小时，以后各次提高浓度10%，煮沸20～30分钟，再冷却8～12小时，最后糖液达到65%时为止。多次煮成法，每次煮制时间短，果蔬不易被煮烂，色、香、味和营养成分损失较少。糖液浓度逐步提高，糖分也容易渗入到组织中去，制品具有较好的外观。由于不同原料的特性不同，所用糖液浓度、煮制时间也不完全相同，在加工过程中可灵活掌握，以保证糖分均匀渗入原料，糖液可循环使用。

除了以上在生产上常常使用的2种煮制方法外，目前在生产上还有冷热交替法和真空煮制法。

冷热交替法是将果蔬原料冷热交替处理，使果蔬内的水分快速排出，糖分迅速渗入。操作时将处理过的原料放在30%～40%的糖液中，煮沸8～10分钟，随即捞出放入15℃的同浓度冷糖液中，然后再提高糖液浓度，煮制8～10分钟，捞出放入15℃的同浓度冷糖液中，如此反复4～5次即可完成煮制过程。

真空煮制法是将原料在30%糖液中加热软化，然后放入真空室内，直接加入75%的糖液，密封后抽真空，保持数小时，排除原料组织内的空气，使糖液在不加热的情况下，迅速渗入到原料组织中去，从而达到煮制的目的。

5. 烘　干

将糖制好的原料捞出沥干糖液，均匀地摊在烘盘上，送入50℃～60℃的烘房中烘干，在烘干过程中要注意倒换烘盘，防止糖的焦化，待水分达18%～20%时即可结束。

6. 上糖衣

要求上糖衣的蜜饯，从糖液中捞出后，沥去糖液，稍冷后上糖衣或糖粉，方法有3种：

(1)糖质薄膜　3份蔗糖，1份淀粉，2份水充分混合加热至113℃～114℃，冷却到93℃，将上糖衣的果蔬浸入1分钟，取出散放在筛面上，于50℃温度下晾干即可。

(2)透明胶质膜　将干燥的果脯浸入1.5%低甲氧基果胶溶液中，取出散放在筛面上50℃温度下晾干，2小时即形成透明膜。

(3)上糖粉　将白糖烘干磨成粉，糖制后稍冷却的蜜饯在糖粉上滚一层糖霜，可防止糖制品的吸潮和黏结。

(三)成品质量标准

果脯蜜饯成品质量标准如下(表5至表8)。

表5　感官指标

<table>
<tr><th rowspan="3">项　目</th><th colspan="8">指　标</th></tr>
<tr><th rowspan="2">糖渍类</th><th rowspan="2">糖霜类</th><th rowspan="2">果脯类</th><th rowspan="2">凉果类</th><th rowspan="2">话梅类</th><th colspan="3">果糕类</th></tr>
<tr><th>糕　类</th><th>条(果丹皮)类</th><th>片　类</th></tr>
<tr><td>色　泽</td><td colspan="8">具有该品种应有的色泽,色泽基本一致</td></tr>
<tr><td>组织形态</td><td>糖渗透均匀,表面糖汁呈黏稠状或微黏呈干燥状</td><td>果(块)形完整,表面干燥有糖霜</td><td>糖分渗透均匀,有透明感,无返砂,不流糖</td><td>糖(盐)液渗透均匀,无霉变</td><td>果(块)形完整,表面干燥有糖霜或饴霜</td><td>组织细腻软硬适度,略有弹性,不牙碜,呈糕状不流糖</td><td>组织细腻,形状基本完整,厚薄均匀,略有韧性,不牙碜</td><td>组织细腻不牙碜,片形基本完整,厚薄均匀,有酥松感</td></tr>
<tr><td>滋味气味</td><td colspan="8">具有该品种应有的滋味与气味,酸甜适口,无异味</td></tr>
<tr><td>杂　质</td><td colspan="8">无肉眼可见杂质</td></tr>
</table>

表6　理化指标

<table>
<tr><th rowspan="3">项　目</th><th colspan="9">指　标</th></tr>
<tr><th colspan="2">糖渍类</th><th rowspan="2">糖霜类</th><th rowspan="2">果脯类</th><th rowspan="2">凉果类</th><th rowspan="2">话梅类</th><th colspan="3">果糕类</th></tr>
<tr><th>干燥</th><th>不干燥</th><th>糕类</th><th>条(果丹皮)类</th><th>片类</th></tr>
<tr><td>水分,克/100克</td><td>≤35</td><td>≤85</td><td>≤20</td><td>≤35</td><td>≤35</td><td>≤40</td><td>≤55</td><td>≤30</td><td>≤20</td></tr>
<tr><td>总糖(以葡萄糖计),克/100克</td><td colspan="2">≤70</td><td>≤85</td><td>≤85</td><td>≤70</td><td>≤60</td><td>≤75</td><td>≤70</td><td>≤80</td></tr>
<tr><td>氯化钠,克/100克</td><td colspan="2">≤1</td><td>—</td><td>—</td><td>≤8</td><td>≤35</td><td>—</td><td>—</td><td>—</td></tr>
</table>

表 7　卫生指标

项　目	指　标
无机砷(以 As 计),毫克/千克	≤0.1
铅(以 Pb 计),毫克/千克	≤0.3
铜(以 Cu 计),毫克/千克	5
二氧化硫残留量,克/千克	≤0.35
苯甲酸(以苯甲酸计),克/千克	不得检出(<0.001)
山梨酸,克/千克	≤0.5
胭脂红[a],克/千克	不得检出(<0.00032)
苋莱红[a],克/千克	不得检出(<0.00024)
日落黄[b],克/千克	不得检出(<0.00028)
柠檬黄[b],克/千克	不得检出(<0.00016)
亮蓝[c],克/千克	不得检出(<0.001)
靛蓝[c],克/千克	不得检出(0.001)
赤鲜红[a],克/千克	不得检出(<0.00072)
二氧化钛,克/千克	不得检出(<0.05)
糖精钠,克/千克	不得检出(<0.0015)
乙酰磺胺酸钠(安赛蜜),克/千克	≤0.3
环己基氨基磺酸钠(甜蜜素),克/千克	不得检出(<0.001)
滑石粉,克/千克	不得检出(<0.15)
其他食品添加剂使用应符合 NY/T 392 的规定	

注：a. 只适合红色产品。

b. 只适合黄色和绿色产品。

c. 只适合绿色和蓝色产品。

表8　微生物指标

项　目	指　标
菌落总数,cfu/克	≤500
大肠菌群,MPN/100克	≤30
致病菌(沙门氏菌,志贺氏菌,金黄色葡萄球菌)	不得检出
霉菌计数,cfu/克	≤25

(四)果脯蜜饯质量品质控制

在蜜饯加工中,由于原料的种类和品质不同或加工操作不当,产品可能规格不一或达不到质量标准。常见且显著影响产品质量问题的有返砂、流汤、煮烂、皱缩及颜色褐变等。

1. 返砂和流汤

在质量标准中要求果脯蜜饯质地柔软、光亮透明。但实际生产中,成品内部或表面容易破损,失去光泽,出现返砂现象,直接影响商品价值。返砂的原因主要是制品中蔗糖含量过高而转化糖不足引起的。然而,如果制品中转化糖含量过高,在高湿和高温季节就容易吸潮而形成流汤现象。

当转化糖含量达40%～50%,在低温、低湿条件下保藏时,一般不会返砂。因此,在煮制过程中,如能控制成品中蔗糖与转化糖适宜的比例,返砂或流汤现象就可以避免。

在实践中,有效地控制煮制条件可以稳定转化糖含量。糖液的pH值及温度是影响转化的主要因素。一般调整pH值在2.0～2.5,在加热时就可以促使蔗糖转化。在工厂连续生产、糖液循环使用过程中,糖液的pH值以及蔗糖与转化糖的配合比例不稳定,如不加调整,就难以保证产品质量。比如,杏脯很少出现返砂现象,原因是杏原料中含有较多的有机酸,溶解在糖液中,降低了 pH 值,利于蔗糖转化。若原料中含酸量很低,在砂糖煮制初期,可适当在糖液中按糖液质量加柠檬酸维持糖液的 pH 值在 2.5 左右。

2. 煮烂与皱缩

煮烂与皱缩是蜜饯生产中常出现的问题,这主要与果实的成熟度、品种有关,过生、过熟及组织结构松散、固形物含量低的品种都比较容易煮烂。如果将经过预处理的果实,先放入煮沸的清水或 1%食盐溶液中热烫数分钟,再用浓糖液煮制;或在煮制前用氯化钙溶液浸泡果实,对于预防煮烂有一定效果。

果脯蜜饯的皱缩主要是"吃糖"不足所致,干燥后易出现皱缩和干瘪。如果在糖制过程中分次加糖,使糖液浓度逐渐提高,延长浸渍时间,将可以克服皱缩问题。

3. 成品褐变

目前生产的各种果脯蜜饯的颜色大体为金黄色至橙黄色,或是浅褐色。导致果脯蜜饯褐变的原因,大致有 2 点:一是在热烫工艺中,温度达不到要求,酶的活性没有被破坏,起到促进变色的作用。在用多次浸煮法加工时,第一次热烫,必须注意要使果实中心温度达到热糖液的温度。二是糖与果实中氨基酸作用,产生黑褐色素。糖煮的时间越长,温度越高,转化糖越多,就能加速这种褐变。所以,在达到热烫和糖煮目的的前提下,应尽可能缩短煮糖时间。

此外,在干燥过程中也能延续褐变的发生,特别是烘房内温度高、通风不良、干燥时间长时,成品的颜色较暗。这时需要改进烘房设备才行。

四、各类果品类果脯蜜饯加工技术

(一)苹 果 脯

1. 配　方

苹果 100 千克,蔗糖 70 千克,柠檬酸 120 克,亚硫酸钠 150 克,氯化钙 80 克。

2. 工艺流程

选料→清洗→去皮→切分→挖核→硫化→硬化→糖煮→烘干→包装。

3. 操作要点

(1)选料　选用果大、圆整、果芯小,成熟度八九成,无病变、虫蛀、伤疤,无损伤、不腐败的苹果为原料。

(2)清洗　将苹果放入洗涤机,清洗去除附着在表面的泥沙和异物。

(3)去皮　去皮方法可手工去皮,也可以用机械去皮。

(4)切分、挖核　苹果个体较大,需将其切分,大者切成 4 瓣,小者对半切开,然后挖掉果核。

(5)硫化、硬化　在挖掉果核后要尽快将其浸入亚硫酸盐溶液或食盐水中。如果果肉组织较疏松,加入适量氯化钙,配制成 0.1%氯化钙溶液。在护色的同时,果肉组织也得到硬化。浸泡

2～3 小时后，将果块捞出，用清水漂洗干净。

(6) 糖制 将蔗糖 40 千克、柠檬酸 120 克、水 40 升入锅，煮沸 8～10 分钟后，加入果块 100 千克，煮沸 15～20 分钟，然后将糖液、果块一起移入浸缸，浸渍 48 小时。接着将果块连同糖液又移入锅中，加热至沸后加糖 20 千克，隔 10 分钟后再加糖 10 千克。沸煮至糖液浓度为 65%时，再一起移入浸缸，浸渍 48 小时。

(7) 烘制 将果块捞出，摊于烘盘中，送入烘房中进行烘制。于 60℃～65℃烘烤 20～24 小时，至果块不粘手为度。其间要翻动和倒盘数次，使其受热均匀、干燥一致，即成苹果脯。

(8) 回潮、包装 将苹果脯置于 25℃左右的室内，静置 24 小时回潮，然后用玻璃纸包装单块果脯，再装入塑料袋或包装盒中。

(二)膨化苹果脯

1. 配 方

苹果 100 千克，蔗糖 80 千克，柠檬酸 100 克，氯化钙 100 克，亚硫酸氢钠适量。

2. 工艺流程

原料→选择→去皮→切分→去核→硫处理→硬化→糖煮→糖浸→烘干→膨化→老化→包装→成品。

3. 操作要点

(1) 选料 选果芯小、果肉疏松、成熟度适中的苹果。

(2) 去皮、切分、去核 手工去皮后，将其切分，切成 2 瓣或 4 瓣，然后挖掉果核。

(3) 硫处理、硬化 将果块放于 0.1%氯化钙和 0.1%～0.3%

亚硫酸钠混合溶液中浸泡约 8 小时,1 千克混合液可浸泡 1.2～1.3 千克苹果。然后捞出用清水漂洗 2～3 次。

(4)糖煮 在 40%的糖液中加入柠檬酸(以 1%浓度加入),微火煮 40～50 分钟,加糖调节浓度至 50%左右,再煮 20～30 分钟;按同样的方法加糖调节浓度至 60%左右,煮 10 分钟后起锅。

(5)糖浸 趁热起锅后,连同糖液倒入缸内浸渍 36 小时左右。

(6)烘干 将果块捞出铺在烘盘上,送入烘箱,在 75℃～85℃下烘至含水率为 7%～8%,取出。

(7)膨化 将上述果脯装入膨化机内进行膨化,膨化加热 50 分钟即可。

(8)老化、包装 膨化后的果脯继续置于老化室内培养,使膨化果脯块的组织老化定形。老化时间应不少于 40 分钟,然后包装。

(三)李 脯

1. 配 方

鲜李 100 千克,蔗糖 90 千克,柠檬酸 90 克。

2. 工艺流程

选料→漂洗→预煮→糖渍→糖煮→干燥→成品。

3. 操作要点

(1)原料处理 选用九成熟的鲜果,用清水漂洗干净。

(2)预煮 李子漂洗后放进沸水中预煮 5 分钟,取出再用水漂洗至冷却。

(3)糖渍 每 100 千克果实加蔗糖 50 千克,放入缸中,糖渍 1 天。

(4)糖煮 将果实连同糖液一起倒入锅中，加入少许柠檬酸和剩余糖的2/3，煮沸后重新入缸糖渍，2天后再次入锅加热，并加入剩余的糖，再糖渍2天，经3次加热糖渍后，沥去多余的糖液。

(5)干燥 将糖煮后的李坯送入烘干房，温度控制在55℃左右，烘至不粘手为止。

(四)带核李脯

1. 配 方

鲜李100千克，蔗糖70千克，食盐15千克，氢氧化钠适量。

2. 工艺流程

选料→去皮→漂洗→刺孔→腌制→漂洗→漂烫→糖制→烘制→包装→成品。

3. 操作要点

(1)选料 要求选用大而皮薄、八九成熟的鲜果，剔除病虫果，然后在清水中洗净。

(2)去皮、漂洗 取一锅，配制5%浓度的氢氧化钠溶液，煮沸后加入李子，沸煮5分钟，然后入清水中漂洗，洗去表皮碱液。

(3)刺孔 将李子捞出，沥干后在果面上刺孔，以利腌制。

(4)腌制、漂洗 将李果与食盐一起入缸，翻拌均匀，腌制12～16小时，然后捞出，在清水中浸泡1～2小时，其间换水2～3次。

(5)热烫 用水100千克，煮沸后倒入李果，热烫5～8分钟后，入冷水中冷却，然后捞出、沥干。

(6)糖制 将40千克蔗糖配制成浓度为60%糖液，加热至沸后倒入李果,用文火沸煮30～40分钟,然后一起移至浸缸中,浸渍48小时。连同糖液一起倒回锅中,加热至沸后保持30～40分钟。这时,再加入蔗糖,边加边搅拌,然后再煮沸30～40分钟,把李果和糖液一起移入浸缸中,浸渍24小时。

(7)烘制、包装 将李果捞出,沥干后摊于烘盘上,送入烘房,烘至表面不粘手、含水量不超过18%时为止。移出烘房,待冷却后即可进行定量密封包装。

(五)奶油蜜李

1. 配 方

鲜李100千克,蔗糖35千克,麦芽糖浆85千克,全脂乳粉4千克,安息香酸钠100克,亚硫酸氢钠适量。

2. 工艺流程

选料→压果→浸硫→烘制→糖制→烘制→包装→成品。

3. 操作要点

(1)选料 选用八成熟的鲜李为宜。剔除未熟的绿色果。

(2)压果 将李果清洗后,送入压果机,压果机的辊距要调节到仅能压扁、压破果肉为度,不能将果核压碎。

(3)浸硫 取一缸,配制浓度为0.2%亚硫酸氢钠溶液,将李果立即倒入其中,浸泡4～5小时。

(4)烘制 将李果捞出,随即摊入烘盘,送入烘干机中,在60℃～70℃温度下烘至半干。

(5)糖制 取一锅,将麦芽糖液和蔗糖入锅,加热溶解煮沸,再拌入全脂乳粉和安息香酸钠,在搅拌中溶解。

接着进行糖渍，将李果和糖液一起入浸缸，浸渍 3 天，每天拌动 1 次。随后，将糖液移至锅中，加热煮沸，浓缩至浓度为 65%，再入浸缸，浸渍 3 天，然后捞出李果，摊入烘盘。

(6)烘制、包装 将烘盘送入烘房，在 65℃～70℃温度下烘至含水量不超过 18%为止。然后，用玻璃纸做单粒包装。

(六)梨 脯

1. 配 方

梨 100 千克，氢氧化钠 3 千克，白砂糖 60 千克，亚硫酸钠 400 克。

2. 工艺流程

原料→选择→去皮→漂洗→切半→去核→硫处理→糖渍→第一次糖煮→糖渍→第二次糖煮→糖渍→整形→烘烤→包装→成品。

3. 操作要点

(1)选料 挑选果型大小一致、八九成熟的鲜果，水分含量少，无虫蛀和伤疤的果实为原料。

(2)去皮 将配成浓度为 3%的氢氧化钠加热煮沸，将梨倒入锅内煮沸 15 分钟左右，去皮后捞出。

(3)漂洗 将梨放到清水中漂洗，将果皮冲洗干净。

(4)切半、去核 将梨对半切开，挖去果芯核。

(5)硫处理 将梨块放在含 0.1%～0.2%二氧化硫的亚硫酸钠溶液中浸泡 4～5 小时（溶液浓度高，则时间可短些），然后用清水漂洗，沥干水分。

(6)糖渍 先称取占梨块重量20%的砂糖,搅拌均匀后,浸渍1天。

一次糖煮:第二天再称取占梨块重量20%的砂糖,放入锅内,加入与砂糖等量的水,加热溶化,然后倒入浸渍后的梨块,煮20分钟左右。将梨块和糖液一同倒出,继续糖渍1天。

二次糖煮:第三天再称取20%的砂糖照上法进行二次糖煮,时间为20～30分钟。然后再糖渍1天,使糖液充分渗透到梨块各个部位。

(7)整形、烘干 将糖渍后的梨块捞出沥干糖液,逐个压扁,放在烘盘上,注意不要叠得太厚,送入烘房,用50℃～60℃温度烘烤(温度不能过高,以免糖分结块焦化),经1天或一天半即可。

(8)包装 可采用玻璃纸单个包装后,再装入塑料袋,最后装入纸板箱。

(七)糖梨片

1. 配方

梨片100千克,蔗糖60千克,食盐15千克。

2. 工艺流程

选料→预处理→盐渍→烫漂→糖制→烘干→包装→成品。

3. 操作要点

(1)选料 只要不是腐烂变质的梨,不论大小、生熟,均可利用。

(2)预处理 将原料清洗后,去皮、去籽,切成0.5～0.6厘米的片状。

(3)盐渍 取100千克梨片，加盐腌渍，一层梨片一层盐，下层盐较少，上层盐稍多，腌渍9天左右。随后将梨片在清水中浸泡16～20小时，中间换水2～3次。

(4)烫漂 取一夹层锅，加水煮沸，放入梨片，使水淹没梨片，加热至沸后，捞出用冷水冲洗，再沥干水分。

(5)糖制 先进行糖渍。取一大缸，一层梨片一层糖，把糖全部撒入，糖渍20～24小时，然后将梨片连同糖液一起倒入锅内，煮沸20分钟，再移至缸中，继续糖渍5～6天，捞出，沥干。

(6)烘干、包装 将梨片摊入烘盘，送入烘房中烘烤18～24小时即可，然后进行包装。

(八)桂花梨

1. 配方

鲜梨块100千克，蔗糖25千克，桂花100克，安息香酸钠、明矾、食盐适量。

2. 工艺流程

选料→预处理→护色→打浆→浓缩→配料→成形→烘干→包装→成品。

3. 操作要点

(1)护色、选料和预处理 与前相同，将去皮、剖分、去籽的梨块投入含有2%明矾及2%食盐的溶液中浸泡15～20分钟，移出，沥干水分，再将梨块放入打浆机打成细浆。

(2)浓缩 将打成的梨浆入锅，加热至沸进行浓缩，当蒸发浓缩至原重量的25%左右、浆汁成不流动的酱状时，将梨酱移出，梨酱的重量约为 25 千克。

(3)配料 将梨酱入锅，加入与梨酱同等重量的蔗糖，加热并缓慢搅拌，使蔗糖溶解，梨酱浓缩到结成胶结的团状时，停止加热，加入鲜桂花 100 克及适量安息香酸钠，开动搅拌器，使桂花混合均匀，花瓣全部呈半透明状时为止。当温度降到 70℃以下时，移出夹层锅。

(4)成形 在工作台上撒一层薄糖粉，把酱团移至平台，在平台上滚压成 2 厘米左右的厚片，入糖果成形机压成糖粒状，摊于烘盘上。

(5)烘干、包装 将烘盘送入烘干机，在 60℃～65℃时烘烤到表面干燥、含水量不超过 14%，冷后用玻璃纸包裹，再用聚乙烯袋定量密封包装。

(九)刺梨果脯

1. 配 方

刺梨 100 千克，白糖 75 千克。

2. 工艺流程

原料→分选→洗涤→去籽→糖浸→糖煮→干燥→整形→成品。

3. 操作要点

(1)原料预处理 刺梨水洗 2 遍，横腰剖开去籽。

(2)糖浸、糖煮 取刺梨肉重 50%的白糖，将果坯分成 3 层，糖浸。上、中、下 3 层，糖量为 5∶3∶2，糖浸 15 分钟左右，将果实与糖液一起倒入 40%沸糖液中热烫 20 分钟，再提高糖液浓度到

60%,煮沸,直至果实透明,糖液浓度浓缩到80%时,捞出沥干。

(3)干燥 将糖制后的梨块装盘送入60℃的烘房烘烤10小时,烘烤过程中排湿通风,上下翻动,不粘手为止。

(4)整形、包装 将干制后符合要求的果脯进行整形、包装至成品。

(十)鸭梨脯

1. 配 方

鸭梨100千克,白糖75千克,硫磺、柠檬酸适量。

2. 工艺流程

选果→清洗→切半→挖核→熏硫→漂洗→制糖浆→糖煮→糖浸→烘烤→整形→二次烘烤→分选→包装→成品。

3. 操作要点

(1)选料 选择八成以上熟、新鲜饱满、横径在65毫米以上的鸭梨。剪去梨把,放入流动清水池内洗净。

(2)切半、去核 将果实纵切成两半。去核、花萼。

(3)熏硫 将挖核后的果实放入竹制的熏硫筐内,送入熏硫房内交叉堆放,熏硫时硫磺的用量为果片质量的0.2%~0.3%,熏硫时间为8~12小时,以果实熏透为准。

(4)漂洗 果片经熏硫后取出,放入流动水中漂洗,然后沥干水分。

(5)糖浸、糖煮 将水煮沸,然后徐徐加入白糖,并搅拌,调节糖浆浓度为55%~65%止。在糖浆中加入0.2%左右的柠檬酸。将转化糖浆冲稀至26%~27%,加热至沸后加入果片糖煮8~12

分钟，果片与糖液比为1∶1。然后果片与糖液一起放入瓷缸中糖浸8～12小时。

(6)烘烤　将果片捞出沥干糖液，将果碗向上逐片摆放在竹笼屉上，送入60℃～70℃的烘房烘6～8小时，待果片的含水量在50%左右时停止烘烤，进行整形。

(7)二次烘烤　整形后及时将果片送入烘房进行二次烘烤。在55℃～65℃条件下烘至果片含水量为17%时取出。

(8)包装　分选符合要求的果脯进行包装得成品。

(十一)香梨脯

1. 配　方

香梨100千克，白砂糖60千克，亚硫酸氢钠、柠檬酸适量。

2. 工艺流程

原料→洗涤→整理→糖渍→糖煮→干燥→包装→成品。

3. 操作要点

(1)整理　选八成熟香梨，洗净、去皮，纵切成两半，挖去籽巢，立即浸于1%食盐水中护色。

(2)糖渍　从盐水中捞出梨片，沥水，加入梨重的20%砂糖和少量亚硫酸氢钠(为梨片重的0.3%～0.4%)，拌匀；放入缸中腌渍24小时，然后捞出梨片沥干，余下的糖液中加砂糖调整糖液浓度至50%左右，同时加入少量亚硫酸氢钠，充分溶解后倒入梨片中，糖液没面，糖渍24小时。

(3)糖煮　捞出梨片，沥干。将糖液煮沸，加入适量柠檬酸调pH值为2～2.5，使蔗糖适当转化，保持煮糖液和果脯中转化糖含量占总糖量的43%～45%。倒入梨片煮沸10分钟，适量加糖，搅拌，当糖液浓度达到70%～72%、温度105℃时，捞起梨片，沥干糖液。

(4)干燥、包装　将梨片摊在晒具上，阳光下自然干燥，当表面不粘手、含水量为20%时，即可分级包装。

(十二)金橘糖

1. 配　方

鲜金橘100千克，蔗糖80千克。

2. 工艺流程

选料→针刺→清洗→糖制→烘制→包装→成品。

3. 操作要点

(1)选料　选用果色转黄、成熟度相近的果实，剔除虫果、烂果和伤果，除去残留梗蒂。

(2)针刺、清洗　为便于透糖，须将果皮刺穿，深达果肉，用手工或机械刺孔均可。然后将金橘倒入水池内，用流动水洗净，捞出沥干。

(3)糖制　先糖腌。取一缸，另取蔗糖50千克腌制金橘，一层金橘一层糖，最上层取多量糖盖住金橘。腌制16～20小时，待金橘中水分逐渐渗出，蔗糖变成糖液，金橘逐渐缩小。这时，加入蔗糖15千克，腌制16～20小时，再加入余下蔗糖，腌制16～20小时。

然后进行糖煮。取一锅，将金橘和糖液一起移入锅内，加热至沸，沸煮30～40分钟，当糖液浓度达到70%左右、果实变得透明时，停止加热，捞出金橘，沥去糖液。

(4)烘制 将金橘在85℃～90℃的热水中漂烫一下，涮去表面糖液。摊于烘盘中入烘房进行烘制，在60℃～65℃温度下烘至表面干燥即可。在烘制时，要注意翻动，以求均匀干燥。待冷却后，即可用塑料袋做定量密封包装。

(十三)金橘脯

1. 配 方

金橘100千克，蔗糖70千克，葡萄糖粉10千克，亚硫酸氢钠适量。

2. 工艺流程

选料→划纹→护色→漂洗→漂烫→糖制→糖煮→烘制→包装→成品。

3. 操作要点

(1)选料 选用色泽金黄，不能带一点绿色，大小均匀的金橘为原料。

(2)划纹、护色 将金橘入划纹机进行划纹，每粒划纹5～7条。然后，将橘粒倒入0.2%亚硫酸氢钠溶液中，浸泡30分钟。

(3)漂烫 捞起橘粒后，将其移入清水池中，用清水洗净残液。沥干后，将橘粒移入沸水锅中，热烫5分钟。捞出，冷却后压扁、去籽。

(4)糖制 取一缸，加入蔗糖70千克和橘坯，充分拌匀，腌渍3～5天。

(5)糖煮 将橘坯和糖液一起移入锅中，加热至沸，沸煮15～

20分钟，再移至浸缸，浸渍1天随后又移入锅中，用文火沸煮至糖液浓度为75%左右时出锅。

(6)拌葡萄糖粉 将橘坯移出，沥去糖液，然后拌入葡萄糖粉，拌和均匀后摊入烘盘中。

(7)烘制、包装 将烘盘入烘房进行烘制，在60℃～65℃温度下烘至含水量不超过20%即可。移出，待冷却后，即可用塑料袋做定量密封包装。

（十四）芳香橙脯

1. 配　方

橙100千克，蔗糖65千克，绵白糖10千克，食盐600克，明矾300克。

2. 工艺流程

选料→清洗→切半→浸渍→去籽→糖制→晾晒→成形→拌糖粉→包装→成品。

3. 操作要点

(1)选料、清洗 选用个大、黄熟的橙子为原料，将其清洗干净，然后去掉外表皮。

(2)切半、浸渍 将橙子按纵向切半，取一缸，加清水50升将食盐和明矾溶化，然后将橙坯放入，浸渍3～4小时。

(3)去籽 捞出橙坯，沥干盐水，挤压，压出橙汁，并去掉橙籽。

(4)糖制 取一锅，把25千克蔗糖配制成30%浓度的糖液，倒入浸缸，同时放入橙坯，浸渍24小时。随后，将橙坯和糖液一起移入锅中，用文火加热至沸，随即又一起倒入浸缸，再加入25千克蔗糖，轻轻搅动，使蔗糖溶化，然后浸渍 8～10 天，其间每天搅动 1 次。

将糖液移至锅中，加蔗糖 15 千克，加热搅拌溶解，至沸后倒入橙坯，沸煮 3～5 分钟，捞出，沥干，晾晒至表面干燥。

(5)切分、拌糖粉、包装 将橙坯切成块状或条状，然后取一缸，倒入橙块或橙条，另加入绵白糖，拌和均匀，即为芳香橙脯，接着进行定量密封包装。

(十五)蜜金橘

1. 配　方

金橘 100 千克，食盐 5 千克，蔗糖 80 千克。

2. 工艺流程

选料→漂洗→刺孔→烫漂→糖制→成品。

3. 操作要点

(1)选料 选用金黄色、新鲜的金橘。品种以金弹、金枣为佳。果实要求绿色全退，否则制成的产品色泽发暗，色不均匀。

(2)漂洗、刺孔 将金橘用清水洗净，在每只金橘上用人工刺孔，刺孔后在清水中浸泡 16 小时，捞起沥干水分。

(3)烫漂 将刺孔的金橘放入浓度为 3％食盐沸水中烫漂 4～6 分钟，取出立即用冷水冲洗冷却，沥干水分待用。

(4)糖渍 将果实置于洁净的缸中，加入 60％的糖液，每隔 3 天，上下翻动 1 次，任其吸收糖液。随时检查缸内糖液浓度，如低于 60％时，即把缸内糖液取出浓缩，或加入砂糖调配至 60％，冷却后再注入缸内，继续糖渍，待金橘全部呈饱满透明状后，吸糖已达饱和,即成蜜金橘。

(十六)草莓脯

1. 配 方

鲜草莓 100 千克,蔗糖 70 千克,氯化钙 5 千克,柠檬酸适量。

2. 工艺流程

选料→清洗→去蒂→切半→硬化→常压冷浸→糖煮→干燥→真空包装→成品。

3. 操作要点

(1)选料 选用无斑疤、虫眼、损伤、霉烂、严重畸形,九成熟、果皮为红色或浅红色的新鲜饱满之果实。

(2)清洗 将草莓用流动水洗去附着于表面的泥沙、杂质及农药残留。

(3)去蒂、切半 将草莓的萼片和把逐个清除干净,再用不锈钢刀将草莓剖分为二。

(4)硬化 将草莓放于 6%～7%氯化钙溶液中,浸渍 4～5 小时。

(5)常压冷浸 取一锅,加入 45 千克蔗糖、柠檬酸和清水,加热溶解,配制成浓度 45%的糖液,趁热移入装有草莓的浸缸中,浸渍 24 小时。

然后将糖液移至锅中,加蔗糖 20 千克并加热,调配出浓度为 55%的糖液,再趁热倒入缸中,浸渍 24 小时,接着又将糖液入锅,加蔗糖 15 千克左右,加热溶解,配制出浓度为 65%糖液,再趁热倒入浸缸,浸渍 24 小时。

(6)糖煮　将草莓和糖液一起移入锅中，加热煮沸，沸煮至糖液浓度达65%为止。

(7)干燥　将草莓捞出，沥干糖液，摊入烘盘中，入烘房在65℃～70℃温度下烘至含水量不超过20%时为止。

(8)包装　最好采用真空度为0.11兆帕进行真空包装。

(十七)草莓蜜饯

1. 配　方

鲜草莓100千克，蔗糖80千克，食盐适量。

2. 工艺流程

选料→清洗→去蒂把→护色→糖制→烘制→包装→成品。

3. 操作要点

(1)选料　选用果面呈浅红色或红色、新鲜、九成熟的果实，剔除霉烂、破损、有病虫害、过生的、过小的果实。

(2)清洗　将草莓倒入流水中，漂洗5～10分钟，洗净草莓果皮上沾污的泥沙和污物。

(3)去蒂把　将草莓捞出后，沥干水分；再逐个挖去蒂把，去净托叶，剔除杂物及不合格果实。

(4)护色　取一缸，配制浓度为2%的食盐水，倒入草莓，浸泡2～3小时，然后捞出，沥干水分。

(5)糖制　先糖渍。取一缸，将100千克草莓和60千克蔗糖分层加入缸中，上面用蔗糖盖顶，腌制24小时。

接着进行糖渍。先将糖腌草莓的糖渍液过滤，取其滤液入锅中，加入蔗糖20千克，加热溶化，煮沸后倒入草莓，加热至沸，立即将草莓连同糖液一起移入浸缸中，浸渍48小时。

(6)烘制、包装 将草莓和糖液一起移入锅中，加热至75℃～80℃，使糖液变稀，以利捞出。在沥干糖液后，摊入烘盘中，送入烘房进行烘烤，烘至含水量不超过80%为止，将其定量装入包装容器中，再加入已浓缩至80%浓度的糖液至预定液位，即行封口而为成品。

（十八）草莓果肉脯

1. 配　方

草莓果浆100千克，白砂糖30千克，淀粉5千克，柠檬酸200克，苯甲酸钠适量。

2. 工艺流程

草莓果肉→打浆→浓缩→烘烤→包装→成品。

3. 操作要点

(1)原料预处理 淀粉用冷水调匀，柠檬酸配制成50%酸液待用，苯甲酸钠使用前用热水配制成30%溶液。

(2)打浆、浓缩 草莓果浆投入夹层锅，加入淀粉浆，搅拌均匀，然后打开蒸汽阀，加温浓缩。浓缩前加入苯甲酸钠；浓缩快结束时，加入白砂糖、柠檬酸，搅拌均匀，至浓稠状时即可出锅。

(3)烘烤 将果浆均匀摊入不锈钢盘，厚3毫米左右，放入烘箱或烘房中烘烤，温度65℃～70℃时间4～8小时。

(4)包装 移出，冷却至室温，称量装入小食品袋，密封包装。

(十九)葡萄脯

1. 配　方

鲜葡萄 100 千克,蔗糖 75 千克,高锰酸钾、柠檬酸、葡萄糖、氯化钙适量。

2. 工艺流程

选料→淋洗→摘粒→热烫→漂凉→硬化→糖制→烘烤→拌粉→包装→成品。

3. 操作要点

(1)选料　选用粒大、无籽或少籽、含糖分高、含酸大、九成熟以上的葡萄为原料,颜色以浅色为好,最好是白色。

(2)淋洗　先将葡萄串剪成小枝、再淋洗。用清水淋洗 2～3 分钟后,再用浓度 0.05%高锰酸钾溶液浸泡 3～5 分钟,然后用清水漂洗。

(3)摘粒　从小枝上将葡萄粒摘下,摘粒时动作要轻,不要弄破果皮。在摘粒过程中进行分选,剔除伤烂果、病虫害果、过生果及过小果。

(4)热烫、漂凉　取一锅,加清水煮沸,将选好的 100 千克葡萄粒入沸水中漂烫 1～2 分钟,然后立即放入冷水池中漂洗,冷凉,再捞出,沥干。

(5)硬化　用 0.1%氯化钙溶液浸泡,然后洗净。

(6)糖制　取一缸,放入配制好的浓度 30%的糖液 60 千克,再轻轻倒入葡萄料,浸渍 24 小时;然后移出葡萄粒、加蔗糖 20 千克,调整糖液浓度为 40%,移入葡萄粒,浸渍 24 小时;如此反复几次,糖液浓度依次提高到50%、60%、70%,最后一次糖渍时,待葡萄珠显示出透明状,即为糖渍终点。

(7)烘烤 将葡萄粒捞出,沥干糖液,摊于烘盘中,入60℃～65℃烘房中烘烤6～8小时,移出,回潮1天后再入烘房,于55℃～60℃温度下烘烤6～8小时,至含水量低于18%为止,用手摸不粘手即可出房。

(8)拌粉、包装 将柠檬酸、葡萄糖分别研成粉末,以40∶1的比例均匀混和,使葡萄果脯滚粉,风干后即可用塑料袋进行包装。

(二十)香甜葡萄

1. 配方

鲜葡萄100千克,蔗糖25千克,糖精80克,甘草5千克,食盐18千克,香兰素20克,植物油适量,肉桂粉100克,丁香粉100克。

2. 工艺流程

选料→盐腌→晒制→脱盐→晒制→配料液→糖制→晒制→拌香、植物油→包装→成品。

3. 操作要点

(1)选料 选用肉厚、粒大、少籽、七成熟的葡萄,剔除病果、虫果、伤果。

(2)盐腌 取一缸,先配制浓度10%盐水80升,倒入葡萄粒,浸渍2～3天,待果皮颜色转黄,捞出,沥干盐水。再取一缸,将葡萄和10千克食盐按一层葡萄一层盐地装入缸中,腌制5～6天。

(3)晒制 将葡萄捞出,摊于竹席上,置于阳光下暴晒,直至晒干，晒得葡萄表面有盐霜出现，即成葡萄盐坯。这种盐坯可长期保存。

(4)脱盐 取一缸，放入清水100升及葡萄盐坯，浸泡12～16小时，再以流动水漂洗至口尝稍有咸味为止。

(5)晒制 将葡萄粒捞出，摊于竹席上，置于阳光下暴晒至半干为止。

(6)配料液 取一锅，将切碎的甘草加清水60升入锅，加热至沸，熬煮浓缩至50升，然后过滤，取其上清液，加入蔗糖、糖精、肉桂粉、丁香粉，加热溶解成香料糖液。

(7)糖渍 取一缸，将半干的葡萄坯和香料糖液一起入缸，充分翻拌，浸渍24小时。其间要翻拌数次，使葡萄充分吸收糖液。然后，将葡萄捞至竹席上，置于阳光下暴晒至表面干燥，再将葡萄移入缸中，充分翻拌，浸渍24小时，如此反复几次，直至将香料糖液全部吸收完为止。

(8)晒制 最后，将糖液吸收完后，把葡萄捞出，摊于竹席上，置于阳光下晒至表面不粘手为止。

(9)拌香、植物油、包装 将葡萄移至缸中，加入香兰素及适量精制植物油，充分拌和，使葡萄保持一定湿润度。随后，进行定量密封包装。

(二十一)巧克力葡萄干

1. 配　方

无核葡萄干100千克，可可粉8千克，脱脂奶粉10千克，代可可脂30千克，白砂糖36千克，全脂奶粉15千克，卵磷脂、香兰素1千克，酒精、阿拉伯树胶适量。

2. 工艺流程

无核葡萄→清洗→烘干→挂糖浆→裹巧克力外衣→抛圆→静置→上光→成品。

3. 操作要点

(1)清洗、烘干 将大小一致的无核葡萄干在清水中洗净，置于强力风干燥箱中烘干，烘干温度50℃～60℃，保持3～4小时，取出自然冷却。

(2)挂糖浆 将葡萄干投入34%～35%浓度的糖液中浸泡10～20秒。

(3)制巧克力酱料 将代可可脂在47℃水中加热溶化，待完全溶化后加入白砂糖粉、全脂奶粉、脱脂奶粉，置于精炼机中精炼24～28小时，精炼过程中控温在45℃～50℃。精炼结束前加入卵磷脂及香料后，置于45℃左右的保温锅中保温备用。

(4)巧克力外衣 葡萄干与巧克力酱料的比例约为1∶1，涂衣过程中为防粘连，可用木制圆头的搅拌器顺时针搅拌。

(5)抛圆、静置 将上好衣的半成品移至糖衣机中进行抛圆处理，在室温下存贮1天。

(6)上光 将半成品倒入抛光锅中，在冷风的配合下，分数次加入虫胶酒精液，至满意光亮度时再加树胶液，滚动至要求光亮度即可包装。

(二十二)山 楂 脯

1. 配　方

鲜山楂100千克，蔗糖70千克，亚硫酸氢钠100克。

2. 工艺流程

选料→清洗→去蒂柄、果核→漂洗→糖煮→烘干→包装→成品。

3. 操作要点

(1)选料 选用直径2厘米以上、色泽鲜艳、肉质厚的新鲜山楂，剔除病虫害果、腐烂果、严重畸形果或损伤果。

(2)清洗、去果核 将山楂于清水中漂洗干净，用捅核器将花萼、果梗、籽芯捅除干净。

(3)漂洗 取一缸，加水150升，加亚硫酸氢钠100克，溶解后，倒入鲜山楂，漂洗10～15分钟，捞出，沥干。

(4)糖煮 取一锅，配制好浓度为50％糖液，倒入山楂，用文火熬煮，搅拌均匀，糖煮约8分钟。至果体出现裂痕时，加入蔗糖20千克，向沸腾处均匀加入，再糖煮15～20分钟，至果体呈透明状时为止。然后，将山楂连同糖液一起移至浸缸中，浸渍1～2天，再捞出，沥干糖液。

(5)烘干、包装 将山楂摊于烘盘上，送入烘房，于60℃～65℃温度下烘制18小时左右，至果面不粘手、含水量不超过24％时停止烘烤，即为山楂脯。待冷却后，即可用玻璃纸做单粒包装。

(二十三)山 楂 片

1. 配 方

鲜山楂100千克，蔗糖70千克。

2. 工艺流程

选料→清洗→糖煮→打浆→刮片→烘干→起片→切分成形→包装→成品。

3. 操作要点

(1)选料、清洗 本品对原料的要求不甚严格,但不能用腐烂果,拣去夹杂的异物及梗、叶等,用清水清洗干净。

(2)糖煮 取一锅,将鲜山楂、蔗糖放入锅内,加水50升,加热至沸,沸煮30~40分钟,使果肉充分软化。

(3)打浆 将山楂送入打浆机,打浆机筛板孔径为0.6~0.8毫米,去除皮渣、果核,取其浆泥。

(4)刮片 将框形模子放在烘盘上,把稠果泥舀入其中,再用塑料板刮平,摊成4~5毫米厚的果酱薄层,力求厚薄均匀。

(5)烘干 将烘盘送入烘房,温度控制在60℃~65℃,烘烤12~16小时。

(6)起片 将干燥而没有发硬的山楂大片,趁热从烘盘上起下。

(7)成形、包装 由此大片,可以做成多种制品,如方片、圆片等。

(二十四)多维山楂糕

1. 配 方

山楂70千克,白糖50千克,胡萝卜30千克,明矾(或柠檬酸)少量。

2. 工艺流程

原料→选料→清洗→切碎→软化→打浆→加糖煮制→冷却→包装→成品。

3. 操作要点

(1)选料 挑选新鲜的山楂和胡萝卜,最好是红色的,剔除病虫害果及腐烂果,洗净,胡萝卜切片,山楂去核。

(2)软化 70%山楂、30%胡萝卜加上果重2/3的水煮30分钟。

(3)打浆 将软化好的果实趁热投入筛孔直径1.45毫米的打浆机打浆过筛,除去皮、籽等。

(4)加糖煮制(浓缩) 过筛的果泥放入锅内,加糖量为果重的50%～75%,加柠檬酸调整果泥pH值为2.9～3.1,或加少量明矾,搅匀。加热浓缩,当锅中心温度达105℃时停止加热。

(5)冷却、包装 在室内冷却成糕,切块,用玻璃纸包装,即为成品。

(二十五)山楂蜜饯

1. 配　方

鲜山楂100千克,蔗糖65千克,安息香酸钠适量。

2. 工艺流程

选料→清洗→漂烫→去皮→挖籽芯→糖制→冷却→包装→成品。

3. 操作要点

(1)选料、清洗 选用果型硕大、肉厚、新鲜、成熟度均匀的优质山楂,并将其洗净。

(2)漂烫 取一锅,放入清水,加热至75℃～80℃,倒入山楂,漂烫4～5分钟,捞出、沥干。

(3)去皮、挖籽芯 将山楂趁热剥去果皮,挖掉籽芯,并去除果柄及花萼。

(4)糖渍 先糖渍。取一锅,将蔗糖65千克和水加热溶化成浓度为65%的糖液,然后将此糖液倒入盛放果坯的浸缸中,浸渍24小时。然后进行糖煮。将果坯和糖液一起移入锅中,用文火加热,使糖液缓缓沸腾,沸煮20～30分钟,这时山楂果肉变得透明,糖液也成为红色,浓度在75%以上。可加入适量安息香酸钠,用以防腐。再轻沸数分钟,即停止加热。

(5)冷却、包装 将果坯移出至瓷盘中,任其冷却,期间可摇动数次,避免粘连。将糖液取出过滤,滤液倒入果坯中,然后,取玻璃瓶将果坯和糖液一起定量装入,封紧瓶盖,即成山楂蜜饯。

(二十六)糖葫芦

1. 配　方

鲜山楂100千克,蔗糖50千克。

2. 工艺流程

选料→清洗→去籽芯→穿山楂→制糖液→蘸糖液→冷却→成品。

3. 操作要点

(1)选料、清洗 选用果大、肉厚、九成熟以上、色泽鲜艳的鲜山楂,用清水洗净。

(2)去籽芯、穿山楂 将山楂去掉果梗,挖出籽芯,用清水冲洗,然后用长18～20厘米、粗3～4毫米的竹签将山楂按5～6个串成1串。

(3)制糖浆 取一锅,将蔗糖加少量水入锅熬制,用大火熬煮20～25分钟,边熬边搅动,观察糖浆,至翻花起沫、用筷子搅动时感到有拉力时,将大火降至中火,边熬边煮边搅动5～8分钟,用筷子挑起糖浆,能拉出丝来即可。这时,把中火降到小火,使糖浆保持微沸状态。

(4)蘸糖浆、冷却 将山楂串在糖浆里滚一下,让山楂周身均蘸满糖浆,然后放在涂有食物油的玻璃板或铁板上,任其冷却,也可用鼓风机吹风冷却。

(二十七)柿　脯

1. 配　方

柿子100千克,氯化钠3.5千克,白砂糖75千克,氧化钙1.2千克,柠檬酸300克,二氧化硫适量。

2. 工艺流程

选料→清洗→脱涩→去皮→切分→浸硫→烫漂→糖制→烘干→包装→成品。

3. 操作要点

(1)选料 选用果大、肉厚、含糖高的果实，剔除虫害和机械伤的果。

(2)脱涩 用45%氯化钠和1.5%氧化钙的混合液浸泡柿子，用重物压住，以防柿子上浮、产生白膜和发生褐变。

(3)去皮、切分 削皮后将柿子纵切成4块，放清水中脱盐。

(4)浸硫 将无咸味的果块浸入亚硫酸水溶液中(二氧化硫含量为0.3%左右)，浸至半透明即可。

(5)烫漂 使组织软化，便于渗糖。沸水中煮沸3～4分钟。

(6)糖制 在45%左右已煮沸的糖液中放入果块，沸腾4～5分钟，加入60%的冷糖液10升，反复3～4次，至果块变软，开始加入干砂糖，分4～5次加入。开始，同时加入少许冷糖液，然后只加砂糖，全部加量为果块重的1.5倍。为防返砂，可加入适量柠檬酸。

(7)烘制、包装 沥去糖液，入烘房，温度控制在60℃～70℃，烘至不粘手为止。将柿脯用玻璃纸单个包好，再入塑料袋定量包装。

(二十八)糖 柿 片

1. 配　方

鲜柿100千克，蔗糖40千克，食盐16千克，明矾800克，柠檬酸300克，焦亚硫酸钠50克。

2. 工艺流程

选料→脱涩→去皮→修整→切分→盐渍→切片→漂洗→糖

渍→晾晒→糖渍→晾晒→包装。

3. 操作要点

(1)选料、脱涩、去皮、切分 操作与柿脯基本相同,可参考操作。

(2)盐渍 取一缸,将4千克食盐配制成浓度为5%的盐水,同时将明矾研细加入溶解。然后倒入柿块,上压重物,使柿块浸没在盐水中。浸泡48小时后捞出,压去部分水分。

另取一缸,将12千克食盐和柿块,按一层果一层盐装入缸内,并加入25克焦亚硫酸钠,可防止褐变。浸渍10天左右,其间每2天倒缸1次,使柿块盐渍均匀。

(3)切片、漂洗 将柿块捞出,用刀将柿块切成0.5厘米厚的柿片,按纵向切分,随即用清水冲洗干净。再放入0.2%柠檬酸溶液中浸泡24小时,其间每4小时换水1次,至尝不出咸味为止,最后压干水分。

(4)糖渍 取一缸,将蔗糖和柿片按一层果一层糖入缸糖渍,每层柿片厚5～6厘米,腌制3天左右,其间每天倒缸2次,使上下吸糖均匀。

(5)晾晒 捞出柿片,沥干糖液,摊于竹席上,置于阳光下暴晒1天,晒至七成干,其间要翻动2～3次,使柿片干燥均匀。

(6)糖渍 将第一次的糖渍液入锅,加入少量柠檬酸,加热煮沸6～8分钟,使糖液中的还原糖含量达25%左右,待糖液冷却后,再加入剩余的25克焦亚硫酸钠,搅拌均匀。接着,把柿片倒回浸缸中,浸渍48小时,然后又移出暴晒,如此反复多次,直至将糖液吸尽为止。

(7)晾晒、包装 将柿片摊于竹席上,在阳光下晾晒至含水量20%左右,随后进行定量密封包装。

(二十九)柿　饼

1. 工艺流程

选料→表面处理→晒制→捏制→整形→堆捂→晾摊→包装→成品。

2. 操作要点

(1)选料　选用果型大、形状整齐、果顶稍平坦、无缢痕、含糖量高、少核和水分适中的品种。果实色泽最好是橙红、萼头发黄、充分成熟,剔除烂果、软果,并按大小分级。

(2)表面处理　先摘除萼片,剪去果柄,需要挂晒的柿子应留"丁字形"拐把。然后,用刮刀刮去一层薄皮,柿皮要刮干净,不得留顶皮和花皮,仅在柿蒂周围留有1厘米宽的果皮。

(3)晒制　将刮去皮的柿子果顶朝上地排列在晒席上,进行晾晒,并定期翻动。若遇阴天,可将柿子移入熏硫室,熏硫15～20分钟。

(4)捏制　捏制的时间最好是选择晴天或有风的清晨,待果面返潮时捏制较好,不易捏破。捏制一般是在柿果经3～4天晒制以后,这时果面发白、结皮,果肉稍软,可用手轻捏柿果中部,切勿用力过重,以免捏破后影响外观。隔2～3天后,当果面干燥并呈现皱纹时可捏第二次,这次捏制比第一次用力要大,要将果肉硬块全部捏碎,并捏散软核,再行晒制。

又过2～3天,当果面干燥、出现粗皱纹时,可进行第三次捏制,这次捏制要将果心自茎部全部捏断,使果面不再收缩。一般捏制3次即可满足要求。

(5)整形　当晒至柿果含水量为20%左右时,即可进行整形,一般是将柿果捏成圆饼形。

(6)堆捂 当柿蒂周围的柿皮干燥、果肉内外软硬一致、并稍有弹性时，可集拢进行堆捂。将柿饼装进缸中或堆放在木板上，厚50～60厘米，上面用麻袋、草席或塑料布覆盖。经过4～5天的堆捂，柿饼内部的糖分会随水分渗至果面，柿饼也会回软。

(7)晾摊、包装 将柿饼摊放在通风阴凉处，使柿饼表面得以风干，这时柿饼表面会有白色柿霜生成。晾摊以后，再堆捂，再晾摊，使得柿霜充分生成。随后，用塑料袋进行密封包装。

(三十)桃 脯

1. 配 方

鲜桃100千克，白砂糖75千克，柠檬酸、亚硫酸氢钠、氢氧化钠适量。

2. 工艺流程

选料→切半→去核→去皮→硫处理→第一次煮制→浸渍→第二次煮制→晾晒→第三次煮制→整形→烘干→包装→成品。

3. 操作要点

(1)选料 多选用果肉白色，成熟度应在青转白或转黄时为宜。

(2)切分、去核 先将桃子按大小及成熟度不同分级，然后将选用的桃子沿缝合线用刀劈开，用挖核刀去除桃核，制成桃碗。

(3)去皮 配制浓度为4%氢氧化钠溶液，煮沸，将鲜桃装入铁丝筐中，然后置入碱液中晃动30秒左右，立即取出，在清水中搅动至表皮全部脱落。

(4)硫处理 从清水中捞出桃块，沥干水分后，浸入浓度为

0.3%的亚硫酸氢钠溶液中，浸泡2小时左右，使桃肉转为乳白色。

(5)一次糖煮 配成浓度为40%糖液，并加入浓度为0.2%柠檬酸，将桃碗倒入锅内煮沸，注意火力不可太强，以免将桃煮烂。第一次煮制约10分钟即可。将桃和糖液一同倒入浸渍缸内，根据桃的大小浸泡12～24小时。

(6)二次糖煮 将糖液浓度调至65%，然后将桃碗倒入，煮制5分钟即可捞出，沥净多余糖液，进行晾晒。

(7)晾晒 将桃碗凹面朝上排列在竹屉上，在阳光下晾晒，晒至果实重量减少1/3时即可。

(8)三次糖煮 将糖液浓度调至65%，然后将晾晒过的桃碗倒入煮锅继续煮15～20分钟，即可捞出。

(9)整形 将捞出的桃坯沥净多余糖液，摊放在烘盘上冷却，待凉后，用手逐一将桃碗捏成整齐的扁平圆形。

(10)烘干、包装 将整形的桃送入烘房，温度控制在55℃～65℃，烘36～48小时便可。烘烤时要经常翻动、倒盘。接着即进行包装，可用玻璃纸单个包装，再用塑料袋或纸盒包装。

(三十一)蜜 桃 片

1. 配 方

桃片100千克，蔗糖50千克，生石灰1千克，明矾500克。

2. 工艺流程

选料→预处理→硬化→烫漂→糖制→烘干→包装→成品。

3. 操作要点

(1)选料 选择果皮略呈绿色转微红色、无损伤、无腐烂、无病虫害，七八成熟者为原料。

(2)预处理 将桃子倒入明矾水中浸泡，不断搅动，以洗净桃子表面的茸毛和杂质，接着捞出，沥干。用不锈钢刀沿果缝切1周，使桃肉成为两半，再将每块桃肉纵向切成薄片，每片厚2～3毫米，切深至核，两端两侧不切断，使桃肉薄片连在核上。

(3)硬化 将1千克生石灰溶解于100升水中，调制成石灰水，倒入100千克经预处理的桃片，搅拌后浸泡4～6小时，然后捞出，于清水中漂洗数次，除尽石灰味，再捞出沥干。

(4)烫漂 将桃片倒入沸水中烫漂3～4分钟，待表皮柔软变黄捞起，入冷水中漂洗30分钟，并将桃肉与桃核分离，然后捞出、沥干。

(5)糖制 取蔗糖20千克和一大缸，一层桃片一层糖，上层糖多于下层，腌制24小时。移出桃片，在这种糖液中加蔗糖10千克，使糖液浓度提高至60%，另取20千克蔗糖配制成浓度为60%的冷糖液备用。

将糖渍过的糖液入锅煮沸，放入桃片，再沸后保持8～10分钟，然后加入1/4的冷糖液，以后每隔15分钟加入1次，共4次。当糖液浓度达到70%～75%时，即可捞出、冷却。

(6)烘干、包装 将桃片摊于烘盘上，入烘干机中烘干，随即用塑料袋定量密封包装。

(三十二)菠萝桃脯

1. 配　方

桃碗11千克，蔗糖50千克，菠萝汁10千克，菠萝香精适量，亚硫酸氢钠适量。

2. 工艺流程

选料→预处理→糖渍→煮制→烘干→包装→成品。

3. 操作要点

(1)选料 选用果肉白色，成熟度应在青转白或转黄时为宜。

(2)预处理 先将桃子按大小及成熟度不同分级，然后将选用的桃子沿缝合线用刀劈开，用挖核刀去除桃核，制成桃碗。

(3)糖渍 取20千克蔗糖，配制成浓度为30%的糖液，加入100千克桃碗，在糖液中加入0.1%亚硫酸氢钠，以浸没桃碗为度，浸渍24小时后移出桃碗。另取约15千克蔗糖及10千克菠萝汁加入糖液中，制成浓度为45%的菠萝糖液，煮沸后加入桃块，浸渍24小时。

(4)煮制 将桃块连同糖液一起移入锅中，加热至沸，再文火加热，加入60%的冷糖液6千克，如此加入4次，最后一次加糖液至沸后，煮沸6分钟即止。待冷却至70℃左右时移出桃块，至烫漂篮中，以80℃热水洗去表面糖液，随后摊于烘盘上，凹面朝上。

(5)烘干、包装 将烘盘送入烘房，于60℃～65℃温度下烘至表面干燥、含水量不超过20%时为止，冷却后在成品表面喷洒菠萝香精，然后用玻璃纸做单片包装，再用塑料袋定量密封包装。

(三十三)桃制“果丹皮”

1. 配　方

桃肉100千克，柠檬酸适量，砂糖50千克，胭脂红15克。

2. 工艺流程

选料→洗净→对剖→挖核→水冲洗→加清水煮沸→桃块变软→出锅→打浆→浓缩至稠状→出锅→加入砂糖、适量柠檬酸、食品红→搅匀→摊皮→烘烤→冷却→切段→包装→成品。

3. 操作要点

(1)原料预处理 去废果、杂质，剔去桃上病、虫、伤部分。

(2)切瓣去核 用不锈钢刀纵切成2瓣，挖去桃核。

(3)蒸煮、制浆 放入筛孔直径为0.6厘米的打浆机中打浆。

(4)浓缩 熬煮时不断搅拌，最好于真空浓缩锅中进行浓缩。一般在夹层锅内浓缩。

(5)调制 以酸甜适口为宜，按比例加入食品红，还需加适量苯甲酸钠。

(6)摊皮 摊成4毫米厚薄层，在65℃～70℃温度下烘烤8～12小时，含水量18%。冷却后的果丹皮按需要折叠成一定形状，并切好，进行包装。

(三十四)天然低糖杨桃脯

1. 配　方

杨桃50千克，明矾30克，砂糖50千克，丁香800克，陈皮800克，干草800克。

2. 工艺流程

选料→预处理→切片→硬化→香料糖渍→熬制→沥干→拌粉→干燥→真空包装→成品。

3. 操作要点

(1)预处理 摘去果柄,削去果蒂及背部果棱。

(2)切片、硬化 按厚度1～2厘米横向切成五角星形的片状。配制3%明矾溶液,并加入适量姜黄色素,调成均匀黄色浸液。杨桃片浸泡3～5小时后取出,桃片为鲜明淡黄色。

(3)香料糖渍 按每50千克鲜杨桃片配丁香、陈皮、甘草3种同量研成的粉末1.6千克,加砂糖配制45%、55%、62%3种浓度的糖液。将杨桃片置于45%糖液中24小时,再放入55%糖液中浸渍6小时,最后放入62%糖液中12～16小时,温度为室温。

(4)熬制 将杨桃片在100℃温度下、62%糖液中熬煮20～30分钟。

(5)沥干、拌粉 趁热取出后沥干至无糖液滴下。然后,按每50千克鲜杨桃片拌800克香料粉,使每片均匀蘸上粉末,并压成扁平形。

(6)干燥采用 在50℃～60℃温度下烘烤,不粘片、不焦煳,含水量低于22%即可。

(7)真空包装 在真空度为0.08兆帕下装入聚乙烯袋中,以100～200克/袋定量包装。

(三十五)香兰桃片

1. 配 方

桃50千克,白砂糖18千克,精盐1千克,柠檬酸150克,甘草250克,香兰素20克。

2. 工艺流程

选料→预处理→盐腌→切片→预煮→烘干→脱盐→拌糖→烘干→糖渍→烘干→包装→成品。

3. 操作要点

(1)选料 选取六七成熟的久保桃,中等大小,无病虫害,无腐烂,用水洗净。

(2)盐腌 在水泥池内调制浓度为14%的盐水,将桃放入其中4～5天,盐水没过桃子。

(3)切片 将腌好的桃每个纵向切成6片,去核。

(4)预煮 于不锈钢夹层锅内把水加热至100℃,倒入桃片煮2分钟。

(5)烘干 在70℃～80℃温度下烘干桃片,使水分含量降至20%左右。

(6)脱盐 将烘干桃片放入不锈钢桶内,半桶桃片注入满桶水,浸泡1小时,搅拌,除去杂质及变质桃片。

(7)拌糖 脱盐后的桃片捞出后,与糖按10∶1的比例混匀放入不锈钢桶内,每隔1小时放出底部渗出的糖汁,复浇于桃片上,使桃片均匀吸收糖分,此过程需20小时。

(8)烘干 在60℃温度下烘干10小时左右,将烘好的桃片放入贮桶内,加入配料,拌匀,每日翻1次,需3天时间。配料方法:在夹层锅内加适量水,煮沸,加入甘草煮沸40分钟,过滤,弃去废渣。将甘草汁加到蔗糖和食盐中搅拌均匀,然后加柠檬酸、香兰素及适量的甜味剂和色素。

将糖渍好的桃片放入竹片筛盘上,推入烘房,在50℃温度下烘6小时,至桃片含水量为16%～20%。

(9)包装 烘干后的桃片装入聚乙烯薄膜袋,5千克/袋,然后装箱即成。

(三十六)无花果脯

1. 配　方

鲜无花果100千克,柠檬酸300克,白砂糖60千克。

2. 工艺流程

选料→预处理→烫漂→糖煮→糖渍→烘制→整形→包装→成品。

3. 操作要点

(1)原料　选用成熟适度的优质、新鲜、个大的无花果,剔除病虫果、损伤果。

(2)预处理　3%~4%浓度的氢氧化钠溶液加热至沸后,倒入无花果,热烫1~2分钟,然后立即入流动水中冲洗,冲洗掉表皮。

(3)烫漂　将沥干水分的无花果放入沸水中煮10~15分钟,捞出置于凉水中冷却。

(4)糖煮　将无花果置于40%糖液中,加入柠檬酸煮25分钟,连同糖液一起入缸糖渍,并撒上剩余的糖,糖渍5天左右。

(5)糖渍　将糖液和无花果一同煮30分钟,再糖渍2天,便可捞出、沥干糖液。

(6)烘制、整形、包装　将经糖渍的无花果置于温度50℃~60℃的烘房中烘2~3小时,然后升温到60℃~65℃,至不粘手为止。可用玻璃纸进行包装。

（三十七）无花果蜜饯

1. 配　方

鲜无花果 100 千克，蔗糖 60 千克，安息香酸钠 250 克。

2. 工艺流程

选料→去皮→刺孔→漂洗→漂烫→晾干→糖制→晒制→糖制→晒制→包装→成品。

3. 操作要点

（1）选料　选用质优、型大、八九成熟、新鲜的无花果，剔除病虫害果、损伤果。

（2）去皮　3%～4%浓度的氢氧化钠溶液加热至沸后，倒入无花果，热烫 1～2 分钟，然后立即入流动水中冲洗，冲洗掉表皮。

（3）刺孔、漂洗　捞出果坯，用不锈钢针将果坯刺上 4～6 个孔，然后再用清水漂洗干净。

（4）漂烫　取一锅，加清水煮沸，再倒入果坯，沸煮 10 分钟左右。

（5）晾干　将果坯捞出、沥干后，摊放在竹席上，晾制 24 小时，使表面基本干燥。

（6）糖制　取一锅，加入蔗糖 30 千克和清水 30 升，加热溶化成浓度 50%的糖液，放入果坯，沸煮约 20 分钟。随后，将果坯连同糖液一起移入浸缸，再撒入剩余的 30 千克蔗糖，使其溶解，浸渍 5 天左右。其间每天轻轻翻拌 1 次。

（7）晒制　将果坯捞出，沥干糖液，摊放于竹席上，置于阳光下暴晒 2～3 天，晒至八成干。

(8)糖制 取一锅,将浸缸中的糖渍液倒入锅中,再放入安息香酸钠,加热煮沸浓缩,待糖液浓度达70%时,倒入经晒制的果坯,用文火沸煮20分钟。随后,将果坯和糖液一起移入浸缸,浸渍5天左右,其间每天轻轻翻拌1次。

(9)晒制、包装 将果坯捞出,沥干后摊放于竹席上,于阳光下暴晒,至表面干燥为止。接着,即用玻璃纸进行逐个包装,再用塑料袋密封。

(三十八)西瓜脯

1. 配方

西瓜皮100千克,白砂糖60千克,柠檬酸200克,氯化钙、亚硫酸氢钠适量。

2. 工艺流程

选料→预处理→浸硫、硬化→漂洗→糖煮→糖制→干燥→包装→成品。

3. 操作要点

(1)选料 选择肉质紧密、肥厚、成熟、无病虫害、无腐烂的西瓜皮为原料。

(2)预处理 洗净,挖去瓜瓤,刨去外皮,切成4厘米×1厘米×1厘米的长条。

(3)浸硫、硬化 取一大缸,将西瓜条放入0.1%氯化钙和0.2%亚硫酸氢钠溶液中浸泡,使瓜条全部浸入溶液中,浸渍6~8小时。

(4)漂洗 将瓜条捞出,浸入清水中,每隔1~2小时换水1

次，需换水5～6次。

(5)糖煮　在锅内放清水100升，加入0.2%明矾，煮沸后放入瓜条，烫漂6～10分钟。烫漂后，将瓜条捞出，冷却后进行腌制，一层瓜条一层糖，加糖量为16千克，腌渍12～16小时，接着再加18千克糖，拌匀，继续腌渍12～16小时；随后再加糖20千克，腌渍12～16小时。

(6)糖制　先捞出西瓜条，将糖渍液入锅煮沸，倒入瓜条，糖煮15～20分钟，再一起移至缸内，浸渍48小时。然后捞出瓜条，加一半糖液入锅，加热至沸，倒入瓜条，煮沸后注意搅拌，糖煮20～30分钟。当水分蒸发、糖液浓缩、温度升至118℃～120℃时，即可停止加热。

(7)冷却　继续拌动瓜条，使黏稠的糖液全部粘在瓜条上。瓜条表面稍干时停止拌动，随后将瓜条倒于工作台上摊开冷却，待瓜条表面的蔗糖结晶、出现白霜，即为成品。

(8)干燥、包装　若出锅时糖液不够黏稠，含水量大而不易返霜，则可将瓜条置于阳光下晾晒8～10小时即能返霜。随之进行包装。

（三十九）低糖西瓜脯

1. 配　方

西瓜100千克，1%稀盐酸，2%石灰水，白糖20千克，淀粉糖浆30千克，果胶150克，增香剂100克。

2. 工艺流程

原料挑选→清洗→去皮瓤→切片→护色硬化→漂洗→烫漂→真空浸糖→沥糖→烘干→整形→真空包装→成品。

3. 操作要点

(1)选料、清洗 挑选成熟、无腐烂的优质西瓜，用流水洗净，放入1%稀盐酸中浸泡10分钟，再用流水冲洗干净。

(2)去皮瓤、切片 用刀去净硬皮，对半切开后，用小勺挖净籽、瓤。将青色瓜肉切成2厘米见方的片状小块。

(3)护色硬化 将瓜块投入2%石灰水中浸泡4小时。然后用清水洗去石灰，沥水。

(4)烫漂 将瓜块投入煮沸的糖液中烫漂1～2分钟，捞出冷却至30℃。

(5)真空浸糖 将白糖、淀粉糖浆、果胶及增香剂制成混合糖胶液，与瓜块同入容器中，真空度0.087～0.093兆帕，温度60℃，时间30分钟，然后在常温常压下浸泡8～10小时，捞出沥糖。

(6)烘干 将瓜块放在烤盘上，送入烘房，在65℃～68℃温度下，烘8小时后翻动1次，12小时即可取出。

(7)整形、包装 整形后，在0.08兆帕真空度下进行包装。

(四十)瓜皮青红丝

1. 配　方

西瓜皮100千克，蔗糖80千克，红色素40克，蓝色素10克，5%石灰水80升，焦亚硫酸钠0.4千克，绵白糖5千克，精淀粉5千克，尼泊金乙酯20克，玫瑰香精2毫升，乙醇70毫升。

2. 工艺流程

选料→切丝→硬化→糖制→着色→烘干→拌糖粉→烘干→加香→包装→成品。

3. 操作要点

(1)选料、切丝 将西瓜皮去瓤、洗净后，用切丝机切成直径约2毫米的细丝，也可用擦丝器擦丝。

(2)硬化 加80升浓度为5%石灰水于真空预抽罐内，再加入焦亚硫酸钠以护色，投入瓜皮丝，并用重物压住防止漂浮，在真空度为0.077～0.085兆帕时，保持20分钟。捞出瓜皮丝。

(3)糖制 先进行真空渗糖。放掉真空预抽罐内的石灰水，加入浓度为50%糖液80升，倒入经过漂洗的瓜皮丝，控制糖液温度为50℃～60℃，用篦子压在瓜皮丝上，使之不露出液面。在不高于0.9兆帕的真空情况下维持40～60分钟，随后捞出瓜皮丝。接着进行糖煮。取一夹层锅，加入上述糖液，再加蔗糖40千克，配制成浓度为60%～65%糖液，加热至沸，倒入瓜皮丝，煮沸约20分钟，捞出瓜皮丝，用离心机甩掉瓜皮丝表面的糖液。

(4)着色 将红色素(苋菜红或胭脂红)40克及蓝色素(靛蓝)10克，加少许水溶解。把沥糖瓜皮丝分成2半，盛于盆中，分别倒入着色剂，进行搅拌，拌和均匀。

(5)烘干 将着色瓜皮丝均匀地摊放在烘盘上，送入烘房，温度控制在65℃～70℃，时间3～4小时。

(6)拌糖粉 取绵白糖和精淀粉，拌和均匀，再将烘干后的瓜皮丝置于盆内，撒入糖粉，边撒边拌，使瓜丝能均匀地裹上一层糖粉。随后，用筛子筛去多余糖粉。

(7)烘干 将上了糖粉的青红丝摊于烘盘上，送入烘房烘烤，温度为65℃～70℃，时间为1～2小时，至瓜皮丝互不粘连为度。

(8)加香、包装 将尼泊金乙酯20克溶于70毫升乙醇中，再加入玫瑰香精2毫升混合均匀。另将烘干的青红丝一同放入大盆内。然后用喷雾器向盆内青红丝喷香，加喷边拌和，使之拌和均匀。随后，立即进行定量密封包装。

（四十一）糖西瓜条

1. 配　方

西瓜条 100 千克，石灰 12 千克，白糖 60 千克，白矾 20 克。

2. 工艺流程

选料→预处理→硬化→漂洗→烫漂→糖渍→糖煮→糖渍→炒砂→成品。

3. 操作要点

(1)选料与预处理　西瓜去皮、去瓜瓤，保留外部较坚实的厚皮，切成长 4 厘米、宽 1 厘米的长条，粗细如食指。

(2)硬化　先配制 50%石灰水溶液，取其上清液。然后倒入 100 千克瓜条，用木板压住，使瓜条全部浸入石灰水中，连续浸泡 7～8 小时。

(3)漂洗　将浸过石灰水的瓜条倒入清水盆内，水与瓜条的比例约 1∶1。先将瓜条上的石灰洗净，然后捞出，放入清水中浸泡，每隔 1～2 小时换 1 次水，共换 6 次水，至水中不含石灰涩味为止。

(4)烫漂　锅内盛多半锅水，加入白矾 20 克，水沸后倒入瓜条，煮 5～10 分钟，煮透后捞出，入冷水盆中冷却，用自来水漂洗至瓜条完全凉透，沥干水分。

(5)糖渍　将沥干水分的瓜条倒在盆内，操作时，倒一层瓜条撒一层糖，再倒一层瓜条撒一层糖，拌匀。第一天加糖 8 千克，腌浸 1 夜；第二天再加糖 8 千克，腌浸 1 夜；第三天加糖 1 千克，腌浸 1 昼夜。

(6)糖煮　将腌制的糖液倒入锅内煮沸，再将瓜条倒入，煮

15～20 分钟，倒入盆内。

(7)糖渍 将放入盆内的瓜条腌渍 2～3 天，即瓜条已返沙。

(8)炒砂 将瓜条从糖液中捞出，控干糖液，锅内放入多半锅糖液，煮沸后再将瓜条倒入，开锅后不断翻动、搅拌，待瓜条表面稍干即停止翻动，以免瓜条上的糖沙脱落。将瓜条倒在案板上撒开冷却，待瓜条表面上的蔗糖结晶出白霜，即为成品。如出锅时糖液浓度稀，水分大而不易返霜，可将糖瓜条放在阳光下晾晒。

（四十二）杏 脯

1. 配 方

鲜杏肉 100 千克，蔗糖 25 千克，硫磺 300 克，食盐适量。

2. 工艺流程

选料→清洗→切分→去核→护色→漂洗→熏硫→糖制→烘制→整形→包装→成品。

3. 操作要点

(1)选料 选用个大、肉厚、色黄的优良品种。约八成熟的鲜杏为佳，剔除生、青、软、烂、病、虫果。

(2)清洗、切分、去核 将杏果用清水洗净，然后将鲜杏平放，缝合线朝上，用小刀沿缝合线切开，再用手掰开一半，然后用手把另一半上的杏核挖掉。

(3)护色、漂洗 将杏碗立即放入 2% 食盐水中浸泡护色，浸泡 2～3 小时后，投入清水中冲洗，并沥干水分。

(4)熏硫 将杏碗置于竹盘上，洒少量清水，送入熏硫房进行熏硫，历时 2～3 小时，见杏碗有水珠出现、杏肉呈淡黄色时即可移出烘房。

(5)糖制 先糖渍。取一缸，将30千克蔗糖和杏碗按一层糖一层杏地腌渍起来，顶上用糖盖住，腌渍48小时。接着进行糖煮。取一锅，将腌渍的糖液移入锅内，加蔗糖约20千克，配制成浓度65%糖液，煮沸后移入杏碗，用文火沸煮15～20分钟后，加入浓度为65%冷糖液15千克，随后移入浸缸中，浸渍24小时，再移入锅中，升温至70℃～80℃时，捞出杏碗，沥干糖液。

(6)烘制、整形 将杏碗摊入烘盘，送入烘房，在60℃～65℃温度下烘烤10～12小时，至含水量不超过26%为止，移出烘房，在室温下回潮24小时。然后，将杏碗压成片状。

(7)烘制、包装 将杏片摊入烘盘，再入烘房，于55℃～60℃温度至含水量不超过20%时为止。移出烘房后经回潮，再剔出不合格品，用塑料袋做定量密封包装。

(四十三)杏 蜜 饯

1. 配 方

鲜杏肉100千克，蔗糖75千克，食盐20千克，氢氧化钠适量。

2. 工艺流程

选料→清洗→去核→护色→去皮→漂洗→糖制→包装→冷却→成品。

3. 操作要点

(1)选料 选用肉质细密、核小、纤维少、已成熟的果实，剔除腐烂果、病虫果、损伤果和过小果。

(2)去核、护色 用小刀沿缝合线对剖开，挖去杏核和杏蒂，然后立即投入浓度为2%食盐水中护色。

(3)去皮、漂洗 对皮厚者可用碱液去皮。将10%碱液加热至沸，放入杏碗热烫30～50秒，再立即投入流水中，漂洗，使果皮果肉分离，也可洗净残碱液。

(4)糖制 取一锅，将75千克蔗糖配制成浓度75%糖液，倒入杏碗，控制温度在70℃～80℃，浸渍24小时，其间每隔2小时轻轻搅拌1次。然后，捞出杏碗，将糖液过滤后，加热浓缩至糖液浓度为70%左右，再倒入杏碗一起加热浓缩，至糖液浓度再达70%为止。

(5)包装、杀菌 将杏碗与糖液一起按定量装入玻璃瓶中，封口后，投入沸水中沸煮12～15分钟，冷却后即为成品。

(四十四)低糖多风味杏脯

1. 配　方

杏果100千克，盐20千克，糖50千克，桂皮、甘草、苯甲酸钠、大料、丁香适量，桃杏香精少许。

2. 工艺流程

原料选择→清洗→盐渍→制坯→脱盐→晒干→挑选→第一次浸糖→第二次浸糖→调味→二次晒干→回潮→包装→成品。

3. 操作要点

(1)备料 选八成熟、肉厚、汁少的优质杏果，先用0.5%～1.0%的工业盐酸清洗，再用1%碳酸钠溶液清洗，最后用清水冲净。

(2)盐渍 每100千克杏果用盐20千克，一层盐一层果均匀盐渍 7～10 天，每 3～5 天翻动 1 次。

(3)制坯 腌渍好的杏果放在席上晾干为止。

(4)脱盐 把杏坯放在清水中浸泡，4 小时换水 1 次，浸 6 小时换第二次水，再浸 3 小时第三次换水即可。或用流水浸泡 7～8 小时即可。

(5)晒干、挑选 浸泡好的杏果捞出沥干，暴晒至干，再按杏坯大小、色泽挑选。

(6)第一次浸糖 按杏果与糖液 1∶1 的比例进行浸泡，糖液浓度 40%，预先加热至沸，倒入杏果，室温下浸泡 24 小时即可。

(7)第二次浸糖 捞出杏果沥干，将原糖液加热浓缩至 50% 后停止加热，立即倒入杏果，室温下浸泡 24 小时即可。

(8)调味 捞出杏果沥干。将各种香料按调味料配方量与糖液一起加热至沸，改用文火加热 30 分钟后，加入 0.05%苯甲酸钠和桃杏香精，5 分钟后停火，倒入杏果，室温下浸泡 48 小时，浸透。随后即可捞出沥干。

(9)二次晒干 将杏果摆放在晒盘上，在阳光下暴晒或送入温度 60℃烘房烘制 10 小时，至果肉饱满，软硬适中，含水量为 18%，不粘手即可。

(10)回潮、包装 杏果在阴凉处放置 2～3 天即可进行包装。

(四十五)蜜乳杏脯

1. 配 方

杏坯 100 千克，甘草 3 千克，白糖 30 千克，茯苓 1.5 千克，柠檬酸 0.1 千克，山楂 1 千克，食盐 3 千克，枸杞子 500 克，明矾 100 克，水 60 升，糖精 60 克，亚硫酸氢钠 0.3%。

2. 工艺流程

(1)复合汁糖液工艺流程 甘草、茯苓、山楂、枸杞子、水→煎煮→过滤→复合汁加白糖、柠檬酸→熬煮→加食盐、明矾、糖精搅拌熬煮→冷却→加亚硫酸氢钠搅拌溶解→过滤备用。

(2)果坯制备工艺流程 无核杏干→筛选→清洗→浸泡、冲洗→糖液浸渍→沥干摊盘→烘烤→果坯。

(3)蜜乳杏脯工艺流程 果坯→浸泡→加蜂蜜、奶粉、赖氨酸、维生素C烘烤→回潮→检验→包装→成品。

3. 操作要点

(1)复合汁糖液配制 将茯苓进行粗粉碎，用水先煎30分钟，加入甘草、山楂、枸杞子煎煮4小时，用80目滤布过滤即得复合汁。复合汁加入白糖，溶化后再加柠檬酸，煮沸10～15分钟，再加入食盐、明矾、糖精，搅拌至全部溶解，煮沸30分钟。取出冷却后加0.3%亚硫酸氢钠搅拌溶解，过80目滤布即得复合汁糖液。

(2)果坯制备 无核杏干洗净后放入0.3%亚硫酸氢钠溶液中浸泡3～4小时，捞出，用水冲净余硫、沥干。将果坯放入复合汁糖液中浸渍8～12小时，每2～3小时翻动1次果坯，当杏肉中可溶性固形物含量达28%～30%时即可停止浸渍。捞出沥干糖液，整形、摆盘、烘烤。温度50℃～60℃、烘至含水量降到22%～58%时，停止烘烤取出果坯待用。

(3)蜜乳杏脯制作 将果坯放入浓度为30%的蜂蜜液中，加入2%奶粉、0.2%赖氨酸、0.1%维生素C，搅拌浸渍30～60分钟。捞出沥干后进行烘烤，温度55℃～70℃，烘至含水量达18%～20%时，停止烘烤。取出用风机吹冷至20℃以下，经回潮后，分级挑选后送无菌室内进行包装。

（四十六）多风味青杏梅

1. 配　方

青杏100千克，甘草2.5千克，精盐6.5千克，柠檬酸0.2千克，肉桂50克，丁香50克，豆蔻50克，茴香粉末50克，水25升，白砂糖30千克。

2. 工艺流程

原料→挑选→清洗→盐渍→去核→脱盐→硫处理→甘草复合液浸渍→糖制→烘烤→包装→成品。

3. 操作要点

（1）选料　采摘五六成熟、杏核由白开始转褐变硬的青杏。剔除残次、斑疤、过生、过熟或腐烂的杏果。

（2）腌渍　配制浓度为14%～16%的食盐溶液，并加入0.5%明矾，搅拌均匀。把青杏倒入混合液中腌渍6～8天，每天搅动1次。当青杏内外色泽都变黄时，沥干去核。去核时注意不要压坏了杏碗的完整度。

（3）脱盐　去核后的杏碗用清水浸泡脱盐。浸泡中每隔3～4小时换水1次，浸泡12～24小时。待杏碗含盐量1%～2%，咸味变淡时捞出，沥干水分。

（4）硫处理　配制含二氧化硫0.15%～0.2%的亚硫酸盐溶液，将脱盐的杏碗倒入，浸泡8～12小时，捞出用清水漂洗1次，沥干水分并烘或晒至半干。

（5）甘草复合液浸渍　先将甘草洗净，然后以25升水煮沸浓缩至20升。将精盐、柠檬酸、肉桂、丁香、豆蔻、茴香粉末置入滤取的甘草汁中拌匀。称取靛蓝和柠檬黄色素，其用量为杏碗重的0.015%～0.025%，靛蓝和柠檬黄的配比为3∶7，将色素用少量水溶解，加入浸渍液中，将溶液加热至80℃～90℃，趁热加入半干的青杏碗，浸渍12小时后取出。

(6)糖渍 每100千克青杏用糖30千克，将一层果一层糖分层腌制。2天后加糖1次，加糖量为果重的8%，再过2天后再加糖1次，加糖量为果重的6%。待有轻微的发酵现象时，将果碗捞出，倒入煮沸的浓度50%糖液中，在即将沸腾时，把果碗连糖液移置于浸缸中，浸泡2天。以后每3天加糖1次，每次加糖量为果碗重的7%，加糖4次后再浸泡2～4天。将果碗捞出，调整糖液浓度为65%，并加热至沸，再以此糖液继续浸泡3～5天即可捞出并沥净糖液。

(7)烘烤 先在60℃条件下烘5～6小时，然后升温至70℃烘烤8～12小时，待含水量降至18%～20%、不粘手时出房。注意通风排湿和倒盘处理。

(8)回潮、包装 回潮后，用塑料袋包装。

(四十七)桂花枣脯

1. 配 方

鲜枣100千克，蔗糖30千克，蜂蜜100克，桂花200克，硫磺适量。

2. 工艺流程

选料→削皮→捅核→晾晒→熏硫→洗涤→蒸制→糖制→拌糖→包装→成品。

3. 操作要点

(1)选料、削皮、捅核 选用色红、个大、颗粒饱满、无虫眼、组织较硬的鲜枣。然后去皮、果核。

(2)晾晒 将鲜枣摊放在竹席上，置于阳光下晒制5～7天，晒至含水量不超过15%为止。

(3)熏硫 将枣干移入熏硫室，用硫磺熏制1～2小时，熏透为止。熏时用锯末拌硫磺熏制，可增加枣脯的香味，还能防虫、防腐。

(4)洗涤、蒸制 将枣子移入清水池，洗涤干净、捞出，沥干后移入蒸笼中蒸2～3小时。

(5)糖制 取一锅，将蔗糖20千克、蜂蜜、清水8升搅拌均匀后，加热溶化成糖液，再拌入桂花，然后倒入蒸过的枣子，煮制20～30分钟，在糖煮时要注意翻拌，使枣子吸糖均匀，糖液被基本吸干为止。

(6)拌糖、包装 将枣子移出，稍加沥控，再将余下的10千克蔗糖撒到枣上，摇滚、翻拌，即成桂花枣脯。随后，即可用玻璃纸包装。

(四十八)金丝蜜枣

1. 配　方

鲜枣100千克，硫磺300克，白砂糖50千克。

2. 工艺流程

选料→分级→清洗→划丝→熏硫→糖煮→糖渍→烘烤→整形→回烤→包装→成品。

3. 操作要点

(1)选料 选用果形长圆,上下对称,肉质较酥松,皮薄而韧的鲜枣。成熟度以由青转白时为宜。

(2)分级 按大中小等级来分,然后用水洗净。

(3)划丝 用排针或缝刀在鲜枣身上纵向划50～100条,视枣的大小而定,划破皮即可,一般深度为枣肉的一半,约1.5～2毫米,尽量要划到枣的两端,划深的枣易烂。

(4)熏硫 将划好丝的枣洗净、沥干后,放入竹筐内,厚26厘米。然后将竹筐置于封闭的熏硫间,点燃硫磺,硫磺用量为枣重的0.3%,熏40分钟。

(5)糖煮 选用白砂糖15千克,倒入50升的清水中,配成浓度为30%的糖液,与枣一同入锅煮沸。待枣肉变软时,浇入浓度为50%的冷糖液(或前次煮枣的糖液)40升,待糖液再次沸腾后,再浇入糖液。如此反复5次,直至糖液加完为止。这时枣坯表面开始显出细纹。待糖液再次煮沸后,可加入干砂糖15千克,用文火缓缓煮制,并用木铲来回翻拌,使糖均匀混入,以免烧焦。待煮沸后再加入白砂糖20千克,继续煮制约20分钟,待糖液浓度达65%时,糖已渗透到果核,枣面发生光泽时即可停火。整个煮制过程需100分钟。

在糖煮过程中,如泡沫多,可加50克生油消泡。如发现枣身起皱纹,糖吸不进去,说明糖液浓度高,可加少量水稀释。如有焦味,说明枣糖下沉,可撒些干糖粉加以解除,还可加少量柠檬酸以补充枣酸度的不足。

(6)糖渍 将枣和糖液一同倒入缸中浸渍24小时。

(7)烘烤 沥干糖液,入烘房烘12小时。前4小时烘房温度为55℃～65℃,后8小时控制在70℃左右,烘至枣韧性增强、不粘手,即可出烘房,此时枣脯含水量为20%～25%。

(8)整形 待果肉柔软，逐个压扁成型。

(9)回烤 整形后，将枣坯摊在竹屉上，送入烘房，在55℃～65℃温度下烘24小时，至含水量16%～18%便可。

(10)包装 待成品冷却到室温后，密封包装。

（四十九）人参蜜枣

1. 配　方

红枣25千克，人参浸液0.2升，白糖40千克，抗坏血酸钠40毫克，水30升，香辛粉适量。

2. 工艺流程

大枣→选择→预蒸→糖渍→拌粉→烘干→包装→成品。

3. 操作要点

(1)选枣 选用个大、肉厚的优质干枣，用水洗净。

(2)预蒸 将枣沥干水后放入高压锅中先常压蒸20分钟，然后升压，压力保持0.098兆帕，蒸5分钟，移出得复水红枣。

(3)糖渍 将30千克白糖与丁香、肉桂等混合均匀，然后加入30升水溶解，再加入复水红枣，加热煮沸。在100℃～105℃下保温20分钟，再升温至120℃，停止加热。趁热捞出红枣拌粉。

(4)拌粉 将所剩10千克白糖粉拌入浓缩人参浸液、抗坏血酸钠，充分拌匀后与浸糖后的枣粒混拌。使枣粒均匀粘糖粉后放入烘盘。

(5)烘干 将烘盘放入70℃的烘房中，恒温烘至含水量为18%以下即可。

(6)包装 在室温20℃～28℃、空气相对湿度40%～45%的包装间，将烘干的枣密封包装得成品。

（五十）菠萝蜜枣

1. 配　方

干红枣 100 千克，蔗糖 80 千克，菠萝汁 90 千克，糖粉 20 千克，麦黄色素适量，菠萝香精适量。

2. 工艺流程

选料→糖制→拌糖粉→整形→烘制→包装→成品。

3. 操作要点

(1)选料　选用大个、肉厚、核小的品种，剔除霉枣、虫枣、烂枣，洗净后晾干水分。

(2)糖制　取一锅，加入鲜菠萝汁 80 千克和蔗糖 70 千克。加热溶解后，再倒入红枣，用文火加热煮沸，沸煮 5～6 分钟后，加入浓度为 30%的冷糖液 2 升，沸煮 5～6 分钟后又加入上述糖液，重复 4 次，再用文火沸煮至 118℃时停止加热，然后捞出，置于工作台上。

(3)拌糖粉　先制糖粉。取鲜菠萝汁，用真空浓缩到含固形物 75%左右，然后加入 8 倍量的糖粉，并调入适量姜黄色素溶液，经充分揉和分散后，摊于烘盘上，入烘干机以 60℃烘至全干，冷却后压碎，再喷入菠萝香精，即成菠萝糖粉。然后，拌入糖粉。当糖煮后置于工作台上的枣坯冷却到 90℃左右时，拌入制好的菠萝糖粉，拌入量约为枣坯重量的 1/4。趁热翻拌，使枣坯均匀黏附糖粉。

(4)整形、烘制、包装　将拌了糖粉的枣坯趁热轻压成扇形，然后将其摊入烘盘上，入烘干机以 60℃～65℃温度烘至含水量不超过 18%为止，待冷却后包装。

（五十一）甘草香枣

1. 配　方

干红枣 100 千克，蔗糖 90 千克，糖粉 12 千克，食盐 2 千克，甘草 4 千克，丁香 200 克，肉桂 200 克，陈皮 200 克，甘草粉 8 千克。

2. 工艺流程

选料→清洗→制香料液→糖制→拌甘草糖粉→烘制→包装→成品。

3. 操作要点

（1）选料、清洗　选用个大、肉厚、皮薄、完整的干红枣，入清水池彻底清洗干净。

（2）制香料液　取一锅，加入甘草、丁香、肉桂、陈皮和水 30 升，一起加热煮沸，浓缩到 18 升左右，经过滤除渣，得甘草料液。再加入蔗糖、食盐及清水 60 升，溶化后制得甘草香料糖液。

（3）糖制　取一高压蒸煮锅，将干红枣及甘草香料糖液一起移入锅中，密封之后，在 0.15 兆帕压力下蒸煮 20 分钟，其间泄气降压 3 次，以达到糖液与红枣翻拌的效果。然后，停止加热，使气压自然降低。最后，将枣粒移至平台上。

（4）拌甘草糖粉　先将甘草粉及糖粉充分拌匀，撒入枣粒中，翻拌均匀，使枣粒都均匀地粘满甘草、糖粉。

（5）烘制、包装　将枣粒摊于烘盘上，入烘房以 60℃～65℃温度烘至含水量不超过 16%为止，其间要定期翻动、使干燥均匀。

随后，做定量密封包装。

（五十二）梅　脯

1. 配　方

鲜青杏50千克，食盐10千克，白砂糖35千克，明矾500克，亚硫酸氢钠30克，食用绿色素适量。

2. 工艺流程

选料→清洗→腌制→去核→脱盐→糖渍→糖煮→整形→烘干→包装→成品。

3. 操作要点

（1）选料　选个大、肉厚、核硬、成熟度为五六成的青杏，变黄的则不适用。

（2）腌制　将青杏放入大缸中，一层杏一层盐，盐要撒均匀，下面少些，上面多些。然后浇入清水，使盐水将杏浸没，腌制7～10天即可。

（3）去核　捞出杏，用刀剖开去核，也可用木块将果肉压裂，去除果核。

（4）脱盐　把杏坯放入缸内，用清水浸泡约12小时，中间需换3～4次水，使杏坯基本无咸味。在最后一次换水时，每50千克杏加入亚硫酸氢钠30克、明矾500克。

（5）糖渍　捞出脱盐的杏，沥干水分，放入缸内，一层杏一层糖，每50千克杏加糖35千克，糖渍24小时，使杏坯充分吸糖。

（6）糖煮　将糖渍的杏与糖液一同入锅，煮沸10分钟，糖渍24小时，如此连续煮制3～4次，待杏坯呈半透明状时即可捞出，沥去糖液。第一次煮时可加入少量食用绿色素,也可用柠檬黄和靛蓝调色,并加入适量明矾,以促进着色。

(7)整形　将捞出的杏坯沥净糖液,用手逐一压扁,铺在烤盘上,入烘房烘烤。

(8)烘干　烘房温度控制在55℃左右,烘烤10小时即可。

(五十三)青梅果脯

1. 配　方

鲜青梅100千克,白砂糖75千克,食盐适量。

2. 工艺流程

青梅果→盐腌→过滤→晒干→梅坯→预处理→切片→硬化→糖浸→配料→糖煮→干燥→整形→冷却→包装→成品。

3. 操作要点

(1)梅坯制作　选九成熟的新鲜青梅,在48.0%浓度盐水中浸泡48小时。滤去盐水,晒干即得梅坯。

(2)预处理　将梅坯用清水漂洗干净,在沸水中煮5～8分钟,使果肉软化即取出沥干。

(3)糖浸　取白糖,分为2份,一份占40%,供糖浸用;另一份占60%,供糖煮用。糖浸时,将梅坯分层撒干糖,上层用50%,中层用30%,下层用20%,时间14～16小时。

(4)糖煮　糖浸结束捞出梅坯沥干,将糖浸液加上糖煮用的白糖,配成60%糖液,放入梅坯煮沸30分钟。当糖液浓度达70%～80%时,捞出梅坯。

(5)干燥　将梅坯装盘后送到烘房干燥,干燥温度50℃～

55℃，干燥时间24～26小时，或采用60℃～65℃烘20小时。干燥后果脯含水量在18%以下。

(6)整形、包装 干燥后果脯经整形、分级后包装。

（五十四）糖青梅

1. 配 方

鲜青梅50千克，蔗糖60千克，食盐5千克，苯甲酸钠、柠檬黄、靛蓝适量。

2. 工艺流程

选料→腌制→针刺→漂洗→糖制→包装→成品。

3. 操作要点

(1)选料 选用肉质坚韧、颜色青绿的鲜梅，随即将之清洗干净。

(2)腌制 取一缸，将鲜青梅和食盐入缸，分层将盐撒入缸内的鲜梅上，腌渍3～4天即可。

(3)切半、漂洗 将梅果用刀沿合缝线对剖成2瓣，挖掉果核。随即将梅子入清水池，浸泡约20小时，漂清盐分，移出并挤压掉梅坯中的水分。

(4)糖制 先糖渍。取一缸，将30千克蔗糖配制成浓度为30%的糖液，倒入梅坯，同时加入苯甲酸钠、柠檬黄、靛蓝，浸渍24小时，再加入蔗糖30千克，又浸渍24小时，如此反复10次，当最后一次浸渍后，将梅坯连同糖液一起入夹层锅煮沸，随后移至缸中，再浸渍24小时。

(5)晾晒、包装 将梅坯捞出，沥干糖液，摊放于竹匾中，晾晒至梅果表面干燥为止,然后用玻璃纸进行包装。

(五十五)陈皮梅

1. 配　方

盐梅坯100千克,蔗糖150千克,鲜生姜3千克,鲜橘皮16千克,柠檬皮10千克,五香粉0.5千克,丁香粉30克,甘草粉3千克。

2. 工艺流程

选料→漂洗→配料→糖制→烘干→包装→成品。

3. 操作要点

(1)选料、漂洗　选择肉厚、核小、粗纤维少的盐梅坯为原料。取一缸,倒入盐梅坯,加多量清水浸泡24小时,其间换水2次,以脱去部分盐分,然后再用清水冲洗表面。

(2)配料　先制橘皮酱和柠檬皮酱。将橘皮和柠檬皮分别加水煮沸15～20分钟,再用清水漂洗掉其中苦味,沥干,用打浆机打成浆,然后按1份浆、2份糖的比例煮成橘皮酱和柠檬皮酱。然后,将鲜生姜洗净,剁烂成泥,加到橘皮酱和柠檬皮酱中,拌和均匀。

(3)糖制　取一缸,放入上述配料,再加入100千克梅坯及100千克蔗糖,拌匀后糖渍10天。其间每天需翻动2次。然后取一锅,将缸中的梅坯及汁液一同入锅,同时加入剩余的蔗糖,煮沸,沸煮至汁液浓度为75%以上。当汁液透入梅坯中时,可加入甘草粉、丁香粉、五香粉,拌和均匀。

(4)烘干、包装　将梅坯移出,送至烘盘,入烘房或烘干机烘至表面干燥即为成品，再用塑料袋密封包装。

（五十六）甘 草 梅

1. 配　方

鲜青梅100千克，白糖20千克，糖精100克，甘草6千克，食盐24千克，桂皮粉50克，甘草粉4千克。

2. 工艺流程

选料→制干梅坯→制甘草糖液→漂洗→糖渍→晾晒→糖渍→晒干→包装→成品。

3. 操作要点

（1）选料　选用由青开始转黄的鲜青梅，剔除伤、病、虫果，并用清水洗净。

（2）制梅坯　取一缸，分层装入梅果和16千克食盐，腌渍24小时，然后再将其余8千克食盐撒在上层，用竹板加重物压实，使梅果处于盐水中，浸渍40～45天，即成梅坯。

（3）制甘草糖液　加清水30升于甘草中，煮沸浓缩成20升的甘草水，过滤后取其8升加白糖20千克，溶解而成甘草糖液。

（4）漂洗　将前述梅坯倒入清水中，浸泡12小时左右，多换几次水，以除去约70%的盐分，再用清水冲洗后沥干。

（5）糖渍、晾晒　取一缸，将梅坯和甘草糖液一起入缸，拌和均匀，浸渍24小时，其间要注意翻拌，使梅坯均匀吸收糖液。然后捞出梅坯，置于阳光下暴晒，晒至八九成干。

（6）糖渍　取一锅，倒入上述浸缸中的糖液及剩余的甘草水，另加入糖精、桂皮粉及剩余白糖，加热溶解至沸。

取一浸缸，将梅坯和甘草糖液一起入缸，拌和均匀，每隔 4 小时翻拌 1 次，直至梅坯将糖液吸收完为止。

(7)晒干、包装 将梅坯移至竹席上，于阳光下暴晒，并注意定时翻动，晒至含水量不超过 8%时，拌入甘草粉 4 千克，拌匀后即为甘草梅。随后，即可用小塑料袋进行密封包装。

(五十七)青 梅 干

1. 配 方

梅肉 100 千克，蔗糖 60 千克，食盐 10 千克，明矾 1 千克，苹果绿色素适量。

2. 工艺流程

选料→盐渍→去核→漂洗→糖制→烘干→包装→成品。

3. 操作要点

(1)选料 成熟度在八成熟左右，不论大小均可，剔除伤、病、虫果及果梗、枝叶等杂物，并清洗干净。

(2)盐渍 取一缸，配制出 8%食盐水和 0.6%明矾水，将鲜梅倒入，浸渍 48 小时，待梅果表面由青转黄时为止。

(3)去核、漂洗 用机械将每粒梅果压碎，去净果核。随后入清水中，浸泡 12 小时左右，中间换水 2 次，接着捞出梅肉，沥干水分。

(4)糖制 取一缸，将 100 千克梅和 20 千克蔗糖一起入缸，拌和均匀，约经 24 小时，待糖完全溶解。与糖同时放入苹果绿色素，进行着色。

取一锅，将梅肉和糖液一起移至锅中，再加入 20 千克蔗糖，加热至沸，沸煮10～12分钟，再一起移入缸中，浸渍24小时，使梅肉吸饱糖液。随后，又将糖液移入锅中，加20千克蔗糖，待其溶解后，倒入梅肉，加热至沸，沸煮15～20分钟，然后捞出，摊放在烘盘中。

(5)烘干、包装 将烘盘送入烘房，温度控制在60℃～65℃，约经24小时烘烤即为青梅干，便可进行定量密封包装。

(五十八)话 梅

1. 配 方

盐梅坯250千克，甜蜜素500克，甘草2千克，蔗糖3千克，食盐45千克，着色剂少量，柠檬酸100克，香兰素100克。

2. 工艺流程

选料→漂洗→晾晒→配料液→浸渍→干燥→包装→成品。

3. 操作要点

(1)选料 可选呈赤蜡色、表面有皱纹、微带盐霜、八九成干的梅坯，剔除杂质和烂坯。

(2)漂洗 将梅坯入清水池，用清水浸泡8小时，以除去梅坯中多余的盐分。

(3)晾晒 将梅坯捞出，沥干水分。置竹匾上于阳光下暴晒2天，每天翻动2次，晒至七八成干即可。

(4)配料液 将甘草切碎，入锅，加水熬制成50升甘草水，过滤后加入蔗糖、甜蜜素、香兰素和柠檬酸、着色剂，将其搅拌均匀。

(5)浸渍 取一缸，倒入干梅坯，然后倒入料液，多翻动几次，尽量翻拌均匀，以后每隔1小时翻动1次，直至把料液全部吸尽。

(6)干燥、包装 将梅坯摊于竹匾上，置于阳光下暴晒，晒到梅坯表面有轻微盐霜时即为话梅成品，含水量为18%～20%。随后，即可用塑料袋进行定量密封包装。

（五十九）糖杨梅

1. 配　方

鲜杨梅12千克，蔗糖4千克，绵白糖1千克，磨砂糖1千克，明矾适量。

2. 工艺流程

选料→漂烫→糖制→加糖粉→筛分→晒制→加绵白糖→晾晒→冷却→包装→成品。

3. 操作要点

(1)选料 选用果大核小、色泽鲜红的杨梅为原料，剔除个小、腐烂、病虫害果。

(2)漂烫 取一锅，将明矾配制成0.2%溶液，加热至沸，将杨梅倒入锅中，烫1～2分钟即可捞出，入清水池漂洗干净。

(3)糖制 取竹匾于阳光下，将蔗糖分3次拌入杨梅中，间隔1小时，每次1千克，注意拌匀，以后每隔2小时拌动1次。

(4)加糖粉 将竹匾中杨梅移出、擦净匾中的糖浆，在匾中放入磨砂糖，再放杨梅，使杨梅在糖中滚动蘸满糖粉，置于阳光下晒制12小时，视杨梅上没有糖浆时为止。

(5)筛分 用双手揉擦杨梅，动作要轻，揉擦3～5分钟，倒入粗眼筛，筛去杨梅柄及糖屑。

(6)加绵白糖 分3次进行。取竹匾，在匾中倒入300克绵白糖和杨梅，用手揉擦杨梅，动作要轻柔，压力不能太大，否则会把梅刺擦掉。揉擦数分钟后，再将其过筛，筛掉没有擦进杨梅的余糖；第二次又加绵白糖 300 克，操作同第一次；第三次如法炮制，但擦后不用过筛。

(7) 晾晒、冷却、包装 将杨梅摊于竹匾上，置于阳光下晾晒，使糖分深入梅刺、果形发胖、杨梅发硬。随后，将杨梅移入阴凉处冷透，即可进行密封包装。

(六十)玫瑰杨梅

1. 配 方

鲜杨梅 100 千克，蔗糖 50 千克，食盐 10 千克，糖精 60 克，柠檬酸 100 克，玫瑰黄色素适量。

2. 工艺流程

选料→盐渍→漂洗→糖制→拌料→晾晒→包装→成品。

3. 操作要点

(1) 选料 采用颗粒大、饱满、色淡红或淡黄、九成熟的鲜杨梅，剔除损伤、腐烂果。

(2) 盐渍 取一缸，将食盐调制成 10%食盐水，倒入杨梅，浸泡 5～6 天。

(3) 漂洗 将杨梅移至清水池，浸泡 1～2 天，其间换水 3～4 次，使含盐量降至 2%～3%。

(4) 糖制 将杨梅入缸，用约 50 千克糖按一层杨梅一层糖进行糖制，浸渍约 48 小时。移出至真空浓缩锅，使糖液浓度浓缩至 65%左右，浸渍 48 小时。随后，又入真空浓缩锅，使糖液浓度为

65%左右,浸渍48小时,使杨梅充分吸进糖液。然后捞出,沥干糖液。

(5)拌料、晾晒、包装 将杨梅摊放于竹屉上,移至阳光下暴晒。另外,配制一种浓度为60%的糖液,溶入糖精、柠檬酸、柠檬黄,用喷雾器将这种糖液喷洒于杨梅上。杨梅在阳光下晒3～4天,每天喷洒1次糖液,晒至含水量不超过22%,即成玫瑰杨梅。接着,用塑料袋进行定量密封包装。

(六十一)杨梅蜜饯

1. 配 方

鲜杨梅100千克,甘草粉2千克,肉桂粉0.5千克,蔗糖20千克,香草粉0.3千克,丁香粉50克,月桂叶粉100克。

2. 工艺流程

选料→腌制→干燥→糖制→冷却→包装→成品。

3. 操作要点

(1)选料 选用八九成熟的果实,不论大小均可。将其洗净、沥干。

(2)腌制 先将甘草粉、肉桂粉、香草粉、月桂叶粉、丁香粉拌和均匀。另取一缸,将沥干的杨梅倒入,再将上述香料粉撒上,拌匀。拌时用力要轻,既要使杨梅粘满香料粉,又不能将其搅烂,然后腌制2～3天,每天翻拌1次。

(3)干燥 将杨梅移至晒垫上,置于阳光下暴晒1天,或于60℃～65℃烘箱中烘烤6～8小时,使梅果干燥至八成干左右、表面有一定湿润度,但手捏之不能出水。

(4)糖制 取一锅,将 20 千克蔗糖调制成 85%糖液,然后将干燥后的杨梅分批倒入锅中,稍煮一下立即捞出,摊于平台上,用鼓风机强力吹风冷却即成。随后,用塑料袋定量密封包装。

(六十二)话 杨 梅

1. 配 方

杨梅坯 50 千克,糖精 250 克,甘草 2 千克,香料粉 50 克。

2. 工艺流程

选料→漂洗→晾晒→浸渍→晾晒→包装→成品。

3. 操作要点

(1)选料 选用颗粒较大,肉质较厚的盐杨梅坯,拣净杂质和霉烂果坯。

(2)漂洗 将杨梅盐坯移入清水池中,放多量水浸泡,约经 12 小时,其间换水 2 次,以除去大部分盐分。

(3)晾晒 将杨梅坯捞出,沥干后,置于竹匾上于阳光下晒制,晒制时不断翻动,直至晒干为止。

(4)浸渍 先配制甘草液。将甘草切碎,加水 30 升,沸煮浓缩至 15 升,过滤后加入糖精和香料粉,加热搅拌至沸。

另取一缸,放入杨梅坯,再倒入甘草液,并不断地翻拌,使甘草液能均匀地为杨梅坯吸收,直至吸收完为止。

(5)晾晒、包装 将杨梅坯移至竹匾上,于阳光下晒干,即可进行定量密封包装。

(六十三)板栗果脯

1. 配　方

板栗 100 千克，白糖 20 千克，柠檬酸 750 克，乙二胺四乙酸二钠(EDTA-2Na)250 克，钾明矾 800 克，氢氧化钠适量。

2. 工艺流程

鲜板栗→去壳、内衣→预煮→糖渍→沥糖→干燥→包装→成品。

3. 操作要点

(1)选料　选鲜板栗，要求饱满、无虫蛀、干枯。

(2)去壳、内衣　用小刀在栗侧面划开成“十”字形。在 95℃～100℃水中煮 5～8 分钟。立即剥壳，然后用火碱去内衣，可采用 8%左右氢氧化钠溶液加热到 90℃左右，去内衣时间 0.5～1 分钟。然后采用流水冲洗，再用 1%柠檬酸中和，以除去残留碱液。

(3)预煮　严格控制预煮升温条件：50℃～65℃，15 分钟；70℃～85℃，25 分钟；90℃～97℃，15 分钟，直到煮透为止。预煮液配方：0.15%乙二胺四乙酸二钠、0.1%钾明矾、0.25%柠檬酸。预煮后的栗子用 50℃～60℃的热水冲洗 3 次。

(4)糖渍　将 40%的果葡糖浆煮沸，投入预煮后的栗子，70℃～85℃浸渍 12 小时，每 3 小时轻轻翻动 1 次。将白砂糖和果葡糖浆混合，配成 60%的糖浆，煮沸，加入 0.15%乙二胺四乙酸二钠，然后放入浸过糖的栗子，75℃～85℃维持 5～7 小时。

(5)沥糖、烘烤　将浸渍好的栗子捞出放在筛网上沥干糖浆，然后放在烘盘上，在 70℃～80℃下烘烤至栗肉表面糖浆不粘手为宜。

(6)包装 将烘烤后的板栗脯冷却至室温，再行包装。

(六十四)新型糖衣栗子

1. 配　方

栗子100千克，蔗糖100千克，食盐200克，柠檬酸、明矾、乙二胺四乙酸二钠适量。

2. 工艺流程

栗子挑选→去壳、护色→预煮、漂洗→真空浸糖→被糖衣、干燥→被膜→包装→成品。

3. 操作要点

(1)去壳、护色 栗子去壳并磨去栗衣。立即投入含有0.2%食盐和0.2%柠檬酸的混合水溶液中，浸泡护色。

(2)预煮 预煮液配方：0.25%乙二胺四乙酸二钠、0.2%钾明矾和0.15%柠檬酸。栗果置于80℃～90℃的预煮液中煮40～55分钟，然后分别在50℃～60℃和40℃～50℃热水中漂洗10分钟。预煮时料液比1∶3。

(3)真空浸糖 采用真空分段式浸渍工艺。糖液浓度为30%、50%、70%，依次递增，经过抽真空、排气、再抽真空、排气，如此循环，使糖液迅速渗入果中。温度为室温，料液比1∶2，真空度0.05兆帕，2～3小时。

(4)被糖衣、干燥 浸糖后再将栗果置于浓的白糖煮沸液中，一浸即出锅。可根据不同需要在糖衣液中加少许风味剂，如桂花浸液。随后进行干燥，烘至栗果最终含水量22%～25%。

(5)包装 干燥的糖衣栗子在转锅内加 1∶10 的糖衣乙醇液，加胶转匀后立即吹干，即可包装。

(六十五)椰 脯

1. 配 方

椰条 100 千克，蔗糖 50 千克。

2. 工艺流程

选料→切分→糖渍→糖煮→烘干→包装→成品。

3. 操作要点

(1)选料、切分 将新鲜椰肉去皮，用清水洗净，将椰肉切分成 4 厘米×1 厘米×1 厘米的条状。

(2)糖渍 取一大缸，称 100 千克椰条及 40 千克蔗糖，按一层椰条一层糖，共分 4～5 层，下层糖少，上层糖多，最上面撒糖盖顶，浸渍 24～30 小时。

(3)糖煮 取一夹层锅，倒入糖渍液，加入蔗糖 10 千克，调整糖液浓度为 50%左右，加热至沸，倒入椰条，沸煮 8～10 分钟。然后加入浓度为 60%的冷糖液 10 升，加热至沸，沸煮 8～10 分钟。随后，将椰条及糖液一起移至缸中，浸渍 24 小时，捞出，沥干糖液。

(4)烘干、包装 将椰条摊于烘盘上，送入烘房中，烘烤 18～24 小时，至含水量为 16%～18%时为止。待冷却后，即可进行定量密封包装。

（六十六）奶油椰条

1. 配　方

椰条100千克，蔗糖65千克，奶油2千克，柠檬酸0.3千克，奶油香精适量。

2. 工艺流程

选料→切条→预煮→糖制→烘干→加香→包装→成品。

3. 操作要点

（1）选料、切条　选择较厚的新鲜椰肉，切成长4～5厘米、宽和厚1.0～1.2厘米的椰条。

（2）预煮　取夹层锅，加水60升，加热至沸，倒入椰条，沸煮10～15分钟，捞起，立即用冷水冷却。

（3）糖制　取一夹层锅，加水40升、蔗糖40千克、柠檬酸及奶油等，加热、搅拌，使各部分均匀溶解，至沸后，倒入椰条100千克，在缓缓加热中升温至沸。随后，移至缸中浸渍24小时。再将糖液入锅，加蔗糖15千克，使糖液浓度升至50%，加热至沸后加入椰条，沸煮8～10分钟。然后一起移出，浸渍24小时。再将糖液入锅，加糖10千克，加热至沸后加入椰条，文火煮至糖液黏稠时为止。

（4）烘干、加香、包装　将椰条摊于烘盘上，入烘干机烘至含水量为16%～18%，移出冷却，在包装前将奶油香精喷于椰条上，再行定量密封包装。

(六十七)樱 桃 脯

1. 配　方

去核樱桃100千克,蔗糖50千克,亚硫酸氢钠、食盐适量。

2. 工艺流程

选料→去核→脱色→烫漂→糖制→干燥→包装→成品。

3. 操作要点

(1)选料　选择个大、肉厚、汁少、味浓的品种,成熟度为八九成。剔除烂、伤、干疤及生青果。

(2)去核、梗　用除梗机除去樱桃梗,再用捅核器由果核部捅出果核,注意尽量减少捅核的裂口,保护果肉的完整。然后,立即放入2%食盐水中浸泡。

(3)脱色　将去核的樱桃100千克浸入0.5%~0.6%亚硫酸氢钠溶液中8~10小时,以脱去表面红色为度,若红色较重者,脱色时间可适当延长。

(4)烫漂　取夹层锅,加水80升,加热至沸,倒入樱桃,沸煮3~5分钟后,立即捞出,冷却。

(5)糖制　取一缸,配制浓度为50%的糖液80升,倒入樱桃,浸渍24小时。捞出,加糖10千克,调整糖液浓度至60%,加热至沸,倒入樱桃,用小火使糖液逐步透入果肉,待果肉逐渐呈半透明状,然后捞出,沥尽表面糖液。

(6)干燥　将樱桃摊放在苇席上,于阳光下暴晒,晾晒时要注意通风,并防止小虫、灰尘污染,每天翻动几次,经2~3天暴晒,待果肉收缩时,即可挪到阴凉通风处阴干,至不粘手时为止。

(7)包装 按颗粒大小、色泽、形态分级,用塑料袋进行定量密封包装。

(六十八)蜜饯樱桃

1. 配　方

鲜樱桃100千克,蔗糖80千克,明矾5千克,食盐6千克,红色素50克。

2. 工艺流程

选料→摘梗→刺孔→硬化→脱盐→糖制→配制糖汁→包装→成品。

3. 操作要点

(1)选料、摘梗 选用新鲜饱满、八九成熟的甜樱桃为宜,剔除病虫害、机械伤等不合格果实,摘去果梗,用清水洗净。

(2)刺孔 为便于透糖,须将樱桃刺孔,可用刺孔器逐一从果实四周刺孔。

(3)硬化 取一缸,加水50升,再放入明矾、食盐等,使其溶化,然后放入刺孔鲜樱桃100千克,腌制5～6天,捞出沥干。

(4)脱盐 将樱桃放于清水中,水要多些,浸泡4～5天,每天换水1次,以漂去盐分。

(5)糖制 取一缸,称50千克蔗糖,将樱桃与蔗糖按一层樱桃一层糖腌制,可以多分几层,上面撒糖盖顶。腌制24小时后,加糖10千克,拌和均匀,再腌制24小时,如此反复3次。最后1次腌制后,当樱桃吸收糖液显现出饱满状态,即可捞出。

(6)配制糖液 将浸渍樱桃的糖液移入锅中加热,同时加入红色素，与糖液充分调匀后即可停止加热。这种糖液经冷却后倒入装有樱桃的缸中，使樱桃染着鲜艳的红色。要注意多加拌动，以期着色均匀。

(7)包装　将樱桃粒称量装入玻璃瓶中，再倒入定量糖汁，封口后即为成品。

（六十九）杨 桃 脯

1. 配　方

鲜杨桃 100 千克，蔗糖 70 千克，食盐适量。

2. 工艺流程

选料→清洗→切分→护色→糖制→烘干→包装→成品。

3. 操作要点

(1)选料、清洗、切分　选择八九成熟的新鲜杨桃，剔除病、虫、伤果，将其清洗干净。将洗净杨桃，按纵向依单瓣分切成长瓣状厚片。

(2)护色　切分后立即投入到浓度为 2%食盐水中浸泡以护色，然后捞出、沥干。

(3)糖制　先糖腌，后糖煮。取一大缸，将杨桃 100 千克及蔗糖 40 千克，按一层杨桃一层糖腌制，下层糖少，上层糖多，最上面用糖盖顶，腌渍 16～24 小时，然后补加 10 千克蔗糖，翻拌均匀，再腌渍 16～24 小时。

接着进行糖煮。将糖液移至夹层锅中，加蔗糖 10 千克，调整糖液浓度为 55%左右，加热至沸，倒入杨桃片，沸煮 4～6 分钟，移出至缸中，浸渍 12 小时，再将糖液入锅，加糖 10 千克，使糖液浓度增至60%左右，加热至沸，倒入杨桃片，用文火加热，至糖液浓度为65%左右、杨桃呈半透明状时，停止加热，捞出杨桃片，沥干糖液，摊于烘盘上。

(4)烘干、包装 将烘盘送入烘房，在60℃～65℃温度下烘烤至含水量为16%～18%时即可取出，用玻璃纸进行单片包装。

(七十)香蜜杨桃

1. 配　方

鲜杨桃100千克，蔗糖80千克，明矾2千克，姜黄色素适量，甘草1千克，丁香0.5千克，陈皮1千克，肉桂0.5千克，安息香酸钠80克。

2. 工艺流程

选料→洗涤→切片→硬化→糖制→烘干→包装→成品。

3. 操作要点

(1)选料、洗涤 选八九成熟的新鲜杨桃，剔除病、虫、伤果，将其清洗干净。

(2)切片、硬化 将洗净杨桃，按纵向依单瓣分切成长瓣状厚片，随即投入到浓度为3%的明矾水溶液中，并加入适量姜黄色素，调配成黄色溶液，浸泡4～6小时，使杨桃片带有鲜明的淡黄色。移出杨桃，沥水。

(3)糖制 先配制香料粉。将甘草、丁香、肉桂、陈皮4种香料研磨成粉，均匀地混合在一起。

取蔗糖60千克，加水调配成浓度为50%的糖液，加入香料粉1.5千克和安息香酸钠，与杨桃片一起入锅，缓缓加热至沸，沸煮

5～8分钟，再一起移至缸中，浸渍24～30小时。把糖液移至锅中，加蔗糖20千克，调整糖液浓度至60%，加热至沸，倒入杨桃一起煮沸，至糖液浓度达到70%左右时，停止加热，趁热移出杨桃，沥干糖液，散放于平台上冷却。这时，将余下的1.5千克香料粉拌入杨桃片中，使每片都均匀地粘上香料粉，再将杨桃片压平，摊于烘盘上。

(4)烘干、包装 将烘盘送入烘房或烘干机，在60℃～65℃温度下烘至表面干燥、其含水量不超过20%即可。晾凉，便可用塑料袋进行100～200克的定量密封包装，外面套装商标纸盒包装。

(七十一)哈密瓜脯

1. 配 方

哈密瓜干100千克，重亚硫酸钠2千克，白砂糖50千克。

2. 工艺流程

选料→去皮→去籽→切条→浸硫→晒干→浸泡→糖煮→烘干→包装→成品。

3. 操作要点

(1)选料 挑选绿皮红瓤的哈密瓜品种，并选肉厚、个大的进行加工，成熟度在七成。去掉破损部分，已经腐烂变质的不能加工。

(2)去皮、去籽、切条 将哈密瓜洗净，用专用刨刀刮去表皮(保留青肉层)，然后切成两半，用铝匙或刮刀去瓜籽(瓜籽洗净晒干后可榨油)，最后将瓜切成4～5厘米宽的瓜条。

(3)硫处理、晒干 将瓜条放在浓度为2%重亚硫酸钠溶液中浸泡10分钟(目的是将瓜条漂洗一下,防止虫蛀),然后捞出放在芦席或悬挂在绳子上晒干,待水分低于18%后,即可收放在竹筐中备用(切忌用铁制品盛装,以免瓜肉褐变)。

(4)浸泡复原 将瓜干用水浸泡4小时左右,让其复原成鲜瓜状瓜条,然后进行加工。如用鲜瓜加工要受季节影响,因此应先加工成瓜干,后复原加工。

(5)糖煮 将瓜条放入浓度为35%的糖液中煮沸15分钟后,逐步加入白砂糖,当锅内糖浆浓度至48%时,再煮半小时即可捞出,放入浓度为45%的凉糖浆中浸泡12小时。糖煮终点视瓜条呈半透明状时即可。

(6)烘干 将浸泡好的瓜条捞出沥干糖液,铺在竹盘上,送烘房烘烤(挑出残次品和吃糖不匀的瓜条),烘烤温度在65℃左右,约12小时后即可出炉。

(7)包装 趁热从竹盘上取下瓜条,分级,包装。

(七十二)低糖哈密瓜脯

1. 配　方

哈密瓜100千克,白砂糖20千克,淀粉糖浆30千克,氯化钙、亚硫酸氢钠、磷酸二氢钾、果胶、哈密瓜香精适量。

2. 工艺流程

选料→清洗→去皮、瓤→切片→护色、硬化→真空浸糖→沥糖→烘干→整形→真空包装→杀菌→成品。

3. 操作要点

(1)预处理 将洗净的瓜放入1%稀盐酸中浸泡10分钟,再用流动水冲洗干净；去净硬皮及粗纤维；用不锈钢刀切成长4～5厘米、厚0.5～1.0厘米的瓜片。

(2)护色、硬化 切成的瓜片浸入0.5%氯化钙+0.1%硫酸氢钠+3.0%磷酸二氢钾组成的混合液中进行硬化护色处理，常温常压下处理1～2小时或真空(0.08兆帕)处理15分钟，然后适度漂洗。

(3)真空浸糖 将瓜片投入煮沸的糖液中烫漂1～2分钟，马上冷却至30℃真空浸糖。糖液采用20%白糖，30%淀粉糖浆，0.1%～0.15%果胶及0.01%增香剂制成的糖胶混合液。真空度为0.087～0.093兆帕，糖液温度60℃，时间30分钟。然后在常温常压下浸泡8～10小时。

(4)烘制 用无菌水把附在果脯表面的糖浸液冲去，沥干，然后放入烘房烘制。过程分2阶段：第一阶段温度控制在55℃～60℃，1～2小时，使水分含量达30%～35%；第二阶段温度控制在50℃，烘干到含水量为25%左右。

(5)真空包装 真空度0.08兆帕，将瓜脯送入微波炉进行微波杀菌，杀菌中心温度以不超过85℃为宜。

(七十三)香蕉果脯

1. 配　方

香蕉1千克，食盐20克，焦亚硫酸钠3克，明矾2克，氢氧化钙，水1升。

2. 工艺流程

原料→熏硫→去皮、除络→切片→硬化→漂洗→热烫→糖渍→烘干→成品。

3. 操作要点

(1)熏硫 在密闭的容器中进行，控制温度为70℃～80℃，二氧化硫的浓度为1%～2%。当果肉中的二氧化硫浓度不低于0.1%，即可取出香蕉。

(2)切片、硬化 果肉切成0.5～1厘米厚的薄片。先配制硬化液：在水中加入焦亚硫酸钠、氢氧化钙、明矾、食盐，搅拌后静置取上清液，调pH值10.0～10.5。将切好的香蕉片迅速投入硬化液中浸泡，直到香蕉片完全硬化。

(3)热烫 将漂洗后的香蕉片倒入100℃沸水中热烫1～2分钟。

(4)糖渍 分3次进行糖渍。第一次糖液浓度以30%为佳。

(5)烘干 在55℃～60℃烘箱中烘5～6小时，冷却后即可包装。

(七十四)蜜香蕉片

1. 配　方

香蕉果肉100千克，蔗糖80千克，明矾0.5千克，香蕉香精适量。

2. 工艺流程

选料→切片→硬化→清洗→糖制→烘干→包装→成品。

3. 操作要点

(1)选料、切片 选择八九成熟的黄色香蕉，去皮后用不锈钢刀切成4～6毫米的薄片。

(2)硬化 将明矾溶于40升冷水中，放入香蕉片，浸泡6～8小时，然后捞出，再放沸水中浸烫5～10分钟，随后用清水漂洗干净。

(3)糖制 取蔗糖60千克、冷水80升，放入夹层锅中，加热至沸后停止加热，倒入香蕉片浸泡2～3天，然后捞出香蕉片。在盛有糖液的锅内加入20千克蔗糖，加热、搅拌至溶解，以增加糖液浓度。在停止加热后，再倒入香蕉片，浸泡1天。随后，将香蕉片连同糖液一起加热煮15～25分钟，待糖液收浓后停止加热，晾凉，再加入香蕉香精，浸泡2～3小时。

(4)烘干、包装 捞出后沥干，进入烘房烘干，然后用塑料袋包装。

(七十五)香蕉脆片

1. 工艺流程

清洗→去皮→去丝络→切片→配料→浸奶→烘烤→油炸→包装→成品。

2. 操作要点

(1)选料 要求充分成熟，无病虫害，不腐烂，不过软。

(2)清洗 清水冲净香蕉的表面。

(3)去皮 人工剥去果皮。

(4)去丝络 用不锈钢小刀的尖端或竹夹子将果肉四周的丝络挑出或拣去。

(5)切片 将果肉横切成0.5～0.8厘米厚的片。

(6)配料 香蕉50千克，奶粉5千克，沸水25升。

(7)浸奶 沸水冲奶粉成溶液，然后倒入果片中，充分搅拌，让所有的果片均粘上奶粉液。

(8)烘烤 在烘房或烘干器中，升温至80℃～100℃，当果片的含水量达到16%～18%时，停止加热，取出果片。一般在容器的底部涂些植物油，便于操作。

(9) 油炸 将果片放入130℃～150℃的植物油中炸至茶色，出锅。

(10) 包装 清除成品中的碎片，然后装袋。

(七十六)低糖菠萝脯

1. 配 方

菠萝100千克，白糖45千克，亚硫酸氢钠300克，柠檬酸250克，苯甲酸钠50克，水适量。

2. 工艺流程

原料→清洗→去皮、芯→切片→护色→硬化→漂洗→糖制→干燥→包装→成品。

3. 操作要点

(1) 切片 将七成熟的菠萝去皮、芯后切成圆形，厚度为1.2～1.5厘米。

(2) 护色 用0.3%柠檬酸和0.03%亚硫酸氢钠溶液护色，把菠萝放入护色液中浸泡15～20分钟。

(3) 硬化 用1%氯化钙、0.3%明矾溶液硬化10～12小时。

(4) 漂洗 用清水把硬化后的菠萝片漂洗20分钟。

(5) 糖制 按配方配制好糖液，煮沸，放入预处理好的菠萝片，慢火煮制10分钟，保持液温95℃～98℃。煮制后让糖液冷却至65℃，放入真空器中真空渗糖，真空度为0.06～0.08兆帕，时间为30～40分钟。然后缓慢放气，让菠萝片继续在糖液中浸泡14～16小时。

(6)干燥 将菠萝片涂上多余的糖液，平摊在盘中，送入干燥器中热风干燥。干燥温度为65℃～75℃，烘10～12小时，使含水量降至13%～16%。

(7)包装 干燥好的菠萝脯冷却至常温后，即可包装。

(七十七)糖菠萝片

1. 配 方

菠萝肉100千克，蔗糖75千克，安息香酸钠70克，5%石灰水适量，菠萝香精适量。

2. 工艺流程

选料→去皮、切分→硬化→糖制→烘干→包装→成品。

3. 操作要点

(1)选料 选择果色开始部分转黄、约七成熟的菠萝，剔除有虫害、过熟果。

(2)去皮、切分 将菠萝清洗后，削去外皮，挖掉果眼。果身在5厘米以内者，横切成1.2～1.5厘米厚的圆片；大于5厘米者，在横切成圆片后再切分成3～4瓣扇形。

(3)硬化 将菠萝片倒入浓度为5%的石灰水溶液中，浸泡12～15小时。然后进行漂洗、沥干，再入烘房，在65℃～70℃温度下烘去水分至七成干左右。

(4)糖制 取菠萝片100千克，蔗糖40千克，安息香酸钠70克，移入一浅容器中，翻拌均匀，腌渍24～30小时，移出糖液，在糖液中加糖20千克，加热煮沸后，趁热把糖液倒入菠萝片中，腌渍24小时。随后，把菠萝片连同糖液一起入夹层锅，加热煮沸至

120℃左右，再补加蔗糖15千克，煮沸到126℃时停止加热，当温度降至100℃时移出菠萝片，沥干，摊于烘盘上。

(5)烘干、包装 把烘盘送入烘干机，以60℃～65℃温度烘至含水量不超过12%，待冷后即可包装。包装前，用菠萝香精对菠萝片喷雾1次，随即进行真空包装。

(七十八)芒果脯

1. 配方

芒果肉100千克，蔗糖70千克，明矾、饴糖适量。

2. 工艺流程

选料→去皮、核→切分→护色→糖制→烘干→包装→成品。

3. 操作要点

(1)选料 采用八九成熟、果实新鲜、果肉无粗纤维的芒果为原料，将之清洗干净。

(2)去皮、核 削去果皮，要求去皮后外表光滑，去皮厚度应不超过1毫米。然后，将芒果切开，挖掉核。

(3)切分、护色 将果肉立刻进行切分，每一枚芒果一般切成6～7片，要求大小、厚薄差不多，切分后立即放入浓度为0.3%～0.5%明矾溶液中护色。1～2小时后捞出，漂洗干净。

(4)糖制 先糖渍，后糖煮。取100千克芒果肉和45千克蔗糖，一层果肉一层糖，加糖量下少上多，最上面以蔗糖盖面，腌渍24～32小时。

接着进行糖煮。将糖渍液置于锅中，加热至沸，调整糖液浓度至50%～55%，可采用浓缩方式，或加入蔗糖亦可。然后，倒入果肉进行煮制，煮沸约 20 分钟，再加入 5 千克饴糖（调整成品口感）。随后，再煮至浓度 70％左右即可停止加热，准备出锅。整个糖煮时间 40～45 分钟。

(5)烘干、包装 将芒果肉捞出，沥干，然后摊于烘盘上，送入烘房中，在 65℃～70℃温度下烘至含水量为 16％～18％，然后进行包装。

（七十九）橙香芒片

1. 配 方

盐芒坯 100 千克，蔗糖 50 千克，甘草粉 2 千克，橙汁 30 升，糖精 300 克，柠檬酸 200 克，甜橙甜精 200 毫升。

2. 工艺流程

选料→预处理→煮制→配料→糖制→烘干→包装→成品。

3. 操作要点

(1)选料、预处理 选择中型以上的除核盐芒坯，于清水中浸泡 23 小时，捞出后再泡 1 次，捞出，沥干。然后切成 2 厘米×3 厘米的片状。

(2)煮制 将芒果入蒸煮罐，加清水浸没表面，在 0.15 兆帕的蒸汽压力下，蒸煮 10～15 分钟，再捞出果坯，沥干备用。

(3)配料 将蔗糖和甘草粉加入到 15 升水中，充分搅拌、溶解，再加入橙汁、糖精、柠檬酸等，使之混溶在一起，成为橙香糖浆。

(4)糖制 取一缸，将橙香糖浆移入缸内，倒入芒果片，充分拌和均匀，使芒果片上粘满糖浆，浸渍 16～24 小时，使芒果片充分吸收糖浆。移出芒果片，入烘干机，在 55℃～60℃温度下烘至表面干燥后，再入缸中浸渍16～24小时，接着移出，烘至表面干燥为止，如此反复多次，直至芒果片将糖浆吸收完为止。

(5)烘干、包装 将芒果片送入烘干机，烘至含水量不超过12%为止，冷却后，将甜橙香精均匀地喷洒在芒果片表面，随即进行定量密封包装。

（八十）陈皮芒

1. 原 料

芒果100千克、陈皮800克、白砂糖50千克、食盐20千克，明矾、柠檬酸、焦亚硫酸钠、甘草、公丁香、茴香适量。

2. 工艺流程

芒果→清洗→腌制→脱盐→去皮、核→晾干→加糖→糖渍→煮制→冷却→成形→喷香精→包装→成品。

3. 操作要点

(1)选料 选用贮藏1年以上的橘子皮(陈皮)，无黑褐斑和霉变。芒果用成熟度较高、无虫蛀、无腐烂的落地果或残次果也可。

(2)原料处理 将陈皮洗净，用冷水浸泡2～3天，加柠檬酸一起捣烂成酱。将芒果入缸内，加16%食盐水，并加1%明矾，盐水用量以正好能完全浸泡芒果为宜。2～3天后取出核，漂洗并晾至表面稍干的芒果盐坯。

(3)糖渍 以芒果盐坯为100%计，则砂糖为50%，陈皮为0.8%，柠檬酸为0.2%。陈皮和柠檬酸一起捣烂加到砂糖里，混匀，与芒果坯一起腌，正常糖渍20天。若第二天有大量水分浸出，则可采用真空糖渍，真空度0.098兆帕，经30分钟。3～5天即可完成。

(4)煮制、冷却 将芒果坯放入锅熬煮，同时把果糖坯0.4%的干草粉、0.2%的公丁香和1%的琼脂投入锅中，待锅内水分煮干时（含水约20%）即可起锅冷却。

(5)包装 将煮干的酱坯切成小块，整形后喷入少许香精，即可包装制成陈皮芒。

（八十一）猕猴桃脯

1. 配　方

鲜猕猴桃100千克，蔗糖50千克，氢氧化钠10千克，柠檬酸、食盐、硫磺适量。

2. 工艺流程

选料→清洗→去皮→烫漂→熏硫→糖制→烘干→包装→成品。

3. 操作要点

(1)选料 选择七八成熟、新鲜饱满、无腐烂霉变、无病虫害的果实，过熟者不用。

(2)清洗 在除去树叶、杂物后，用清水淘洗2次，洗除泥污、沙土和杂质。

(3)去皮 多用碱液去皮。配制浓度为10%氢氧化钠溶液，加热至95℃以上，再将猕猴桃于热碱液中烫煮2分钟，待果皮变黑时，加入柠檬酸中和，立即取出，用清水边冲边搓擦，去净表皮。

(4)烫漂 将去皮后的猕猴桃浸于沸水中煮5～10分钟，用小刀将未尽表皮去净，再放入盐水中护色，捞出沥干。

(5)熏硫 沥干水分的果实，铺放于果架上，送入熏硫室中，熏制2～3小时。

(6)糖制 先糖渍，后糖煮。取一大缸，用35～40千克糖对果实进行腌渍，一层果实一层糖，糖渍24小时。然后，将果块捞出。另将糖液移至锅中，加热至沸，调整糖液浓度为55%～60%，将果块倒入锅中，煮沸20～30分钟。然后，将果块连同糖液一起移入浸缸中，浸渍36～48小时，捞出、沥干。

(7)烘干、包装 将果块摊放在烤盘上，送入烘房中，在60℃～65℃温度下进行烘烤。烘至含水量为18%～20%、手摸不粘手时即可。然后，用玻璃纸进行单块包装，再进行盒装或袋装。

(八十二)猕猴桃片

1. 配 方

猕猴桃100千克，蔗糖40千克，葡萄糖40千克，肉桂0.5千克，香草粉0.25千克，丁香粉0.2千克。

2. 工艺流程

选料→清洗→去皮→切片→护色→浸硫→糖制→烘干→包装→成品。

3. 操作要点

(1)选料、清洗 选择八九成熟的猕猴桃为原料，用清水洗净泥沙和杂物。

(2)去皮 碱液去皮或用手工去皮。

(3)切片 将剥皮后的猕猴桃切成10毫米厚的片，并立即放入1%盐水中护色。

(4)浸硫 将果片放入浓度为0.2%～0.4%的亚硫酸氢钠溶液或0.2%的亚硫酸溶液中，浸泡30～60分钟。然后捞出、沥干。

(5)糖制 取一夹层锅，加入清水40升、蔗糖及葡萄糖各25千克，加热至沸，使其溶解，接着加入香料，在微沸下煮制30～40分钟，随后再加入猕猴桃片，沸煮1～2分钟，移出，浸渍24小时。入锅，加入蔗糖及葡萄糖各15千克，使其加热溶解，再加入果片，沸煮8～10分钟，移出，浸渍24小时。随后，将果片捞出，放入热水中迅速清洗，洗掉表面糖液。

(6)烘干、包装 将果片摊于烘盘上，入烘干机，在60℃～65℃温度下烘烤18～20小时，使含水量不超过10%。冷却后，即可进行定量密封包装。

（八十三）木瓜脯

1. 配　方

木瓜100千克，蔗糖80千克，亚硫酸氢钠100克，柠檬酸10克，石灰适量。

2. 工艺流程

选料→预处理→浸硫→硬化→烫漂→糖煮→烘干→包装→成品。

(1)选料 选用成熟适度的优质、新鲜、个大、无虫害的木瓜。

(2)预处理、浸硫 洗净木瓜，削去外皮并去籽、瓤，切片。放于0.2%亚硫酸氢钠溶液中浸泡15～20分钟。

(3)硬化 将木瓜片用浓度为2%的石灰水上清液浸泡5～7小时，并不断搅拌。捞出瓜片，用清水漂洗15～20小时，其间换水5～10次。

(4)烫漂 在沸水中煮 3～4 分钟后捞出，用冷水冷却。

(5)糖煮 将木瓜片放入浓度为 30%～40%的糖液中，加热至沸腾，维持 10 分钟后，加入适量干糖再煮至沸腾。然后再加糖，使糖液浓度逐步提高，待糖度达 65%～70%为止。在此浓度下维持一段时间，捞出沥干水分。

(6)烘干、包装 将木瓜片摊开，晾干，或用烘干机烘至不粘手即可包装。

（八十四）黄金李脯

1. 配　方

李子 1 千克，白糖 500 克，亚硫酸氢钠 1 克，冷水 800 毫升，柠檬酸 0.1 克。

2. 操作要点

(1)将亚硫酸氢钠放入 500 毫升冷水中配成溶液，把李子放入溶液中浸泡 8～10 分钟后，用清水漂洗干净。

(2)取冷水 300 毫升，白糖 350 克和柠檬酸放入锅中，置于大火上煮沸后改用小火煮 5～7 分钟。将李子放入锅内，煮 10～15 分钟，然后加入 100 克白糖，继续煮 15 分钟，最后加入 50 克白糖煮 20～30 分钟，待糖液收浓后即可。

(3)将煮好的李子连同糖液一起，浸泡 2～3 小时。

(4)把李子捞出，放在竹屉上沥干糖液，晒干(以不粘手为准)即成。

3. 产品特点

色泽金黄，甜酸爽口，果味浓郁。

(八十五)咸味李果

1. 配　方

李子 10 千克,食盐 1 千克。

2. 操作要点

(1)将八成熟的李子洗净,用小刀在其表层划几个道。

(2)将李子放入锅中,加入食盐搅拌均匀,腌渍 2～3 天,待果肉中水分析出、组织收缩后即可取出,放在竹屉上沥干水分。

(3)再将李子置于太阳光下晾晒 1～2 天,随后移入房中放置 2 天以上,使剩余的水分自然蒸发。

(4)最后将阴干的李子置于太阳下晒 1 天,即成咸味李子。

3. 产品特点

颜色微红,果味浓郁,咸中带酸,食之使人开胃生津,食欲大增。

(八十六)陈 皮 梅

1. 配　方

大咸梅 140 千克,白糖 100 千克,甘草 4.5 千克,陈皮 1 千克,桂皮 500 克,丁香水 300 毫升,柠檬酸 80 克,梅羌 4 千克。

2. 操作要点

(1)将大咸梅用清水浸泡 2 天,每天换水 2～3 次,然后晒干、焙干备用。

(2)将梅坯与白糖按2∶1的比例入缸糖渍3天。

(3)糖渍后的梅坯下锅煎煮，在原糖液中加入余下的白糖，煎煮至糖液浓度为75%以上后关火浸泡2～3小时。

(4)将陈皮、甘草、桂皮、丁香、梅羌制粉备用。

(5)将上述辅料的一半(不用柠檬酸)溶化成料液，将焙干的梅置于料液内煮熟后起锅，然后放在缸内浸渍1天，捞出焙干。

(6)将另一半辅料同柠檬酸一起配成料液，盛入缸内，将焙干的梅坯倒入缸内一起搅匀，捞出摊于筛上焙干即成。

3. 产品特点

生津止渴，开胃提神。

(八十七)甘 草 梅

1. 配　方

新鲜梅165千克，食盐39.6千克，白糖27千克，桂皮粉60克，蛋白糖25克。

2. 操作要点

(1)制梅坯　梅坯分水青梅和干青梅2种，保存方法是选用由青色开始转黄的梅，用清水洗净，按一层食盐一层青梅的方法装入木桶、陶瓷缸或水泥池中，加盐约26.4千克。装满后，从最上层洒浓食盐溶液少许，帮助底层食盐溶解。腌渍约10小时后，从容器中抽出一部分食盐溶液，再取食盐13.2千克撒在果实上层。用竹筐加石块压实，使全部果实浸在溶液中。经过约50天，即为水青梅坯，它可长期保存。如将水青梅坯捞出晒干，即为干青梅坯，得干梅坯98千克。

(2)制作甘草糖液　取1.5千克甘草，加清水30升，煮沸浓缩成为约24升的甘草汁，澄清后过滤，取其中10升加糖(蔗糖及转化糖的混合物)22千克，溶解成为甘草糖液。

(3)浸泡、冲洗、沥干　取干青梅坯98千克倒入清水中，浸泡12小时左右，除去约80%的盐分，捞出用清水冲洗后沥干。

(4)糖液　将冲洗干净的梅坯倒入上述甘草糖液中浸渍，在浸渍过程中，注意经常将梅坯连同糖液从原来容器倒入另一容器内，使梅坯均匀地吸收糖液，浸渍约12小时。

(5)晒干　捞出梅坯，进行暴晒，暴晒后收回到容器中。

(6)配料煮沸　取以前剩余的甘草汁14升，加到未被完全吸收的糖液中，另外加白糖5克、蛋白糖及桂皮调匀煮沸。

(7)浸渍　将上述煮沸了的甘草糖液注入盛有青梅的容器内，按照前述的方法再次进行浸渍。

(8)晒干　待全部甘草糖液被吸收后，再取出暴晒，并常翻动。晒干后再拌上甘草粉5克，即为成品，便可包装出售。

(八十八)甘草金橘

1. 配　方

干金橘坯50千克，白糖10千克，甘草1.5千克，食用色素适量。

2. 工艺流程

盐渍→干燥→脱盐→糖渍→初晒→甘草液浸渍→复晒→加料浸渍→暴晒→成品。

3. 制作方法

(1)盐渍 选择成熟度在八成左右的鲜金橘，用水洗净，沥干水分，放入缸中腌渍，一层果一层盐，以盐封面，总用盐量为鲜金橘的25%。待盐溶解后，有盐卤溢出，这时必须加压，加压重量为腌果重的30%，使金橘不暴露在液面上。腌渍15天，捞出晒干使含水量为30%。

(2)脱盐 将金橘坯倒入沸水中烫煮30分钟，并不断搅动，直到金橘坯外皮呈松软状为止，捞出后在清水中漂洗，去除90%的盐分后取出，沥去水分。

(3)糖渍 将白糖8千克溶于2升水中，配成浓度为80%的糖液，加入金橘坯，并连续搅拌，倒换3次，以后每隔1小时倒换1次，糖渍48小时后，取出初晒。

(4)初晒 将经过糖渍的金橘放在阳光下暴晒，每隔2小时翻动1次，待金橘所含水分蒸发掉70%左右时，放入容器中。

(5)甘草液浸渍 在1.5千克甘草中加入清水22.5升，熬煮成18升甘草液后，过滤澄清，先取出11.5升甘草液，再加入白糖1.5千克，加热溶解成甘草糖液。将经过初晒的金橘放入甘草液中，也按上述方法浸渍，24小时后滤去糖液，取出暴晒。

(6)复晒 每隔1小时翻动1次，晒7小时左右，然后放入容器中。

(7)加料浸渍 将剩余的甘草液及前2次用过的糖液一起倒入锅内煮沸，并加入剩余白糖和适量食用色素，调匀后注入盛有金橘的容器内。按上述方法，再次浸渍，待全部糖液被金橘吸收后，再取出暴晒。

(8)暴晒 每隔1小时翻动1次，直到大部分水分被蒸发，表面糖液浓缩成胶黏状时，即为成品。

4. 产品特点

外形扁圆，呈黄褐色，味甜、咸、微酸，并有浓郁的甘草回味，食之开胃通气。

（八十九）橙　脯

1. 原料配方

橙子 5 千克，白砂糖 3 千克，绵白糖 500 克，精盐 20 克，白矾 10 克。

2. 制作方法

（1）将橙子剥去外层的苦皮，切成 2 半，将精盐和白矾用清水化开，再把切好的橙子放入浸腌 3 小时，水要淹过橙子。

（2）用漏斗将橙子捞出，沥干盐水，然后压出橙汁，去掉橙核。

（3）将白砂糖 900 克用清水煮开，晾凉后制成冷糖水，把去核的橙子倒入，浸泡 24 小时后一起倒入锅中烧沸，随即将橙子带糖水全部倒入缸内，加入白砂糖 1.6 千克搅匀，使糖溶化，浸泡 10 天，使橙子充分吃进糖分。

（4）再把橙子连同糖水一起倒入大锅内，加入白砂糖 500 克，用旺火烧沸，然后立即用漏勺将橙子捞出，沥干糖液，倒在竹席上，摊开铺匀，在阳光下晒干或入烘干室烘干。

（5）晒至或烘至橙子尚软，当水分已干时，用剪子将半片橙子剪成棋子般的形状，放入缸中，加进绵白糖搅匀，即成为“橙脯”。

3. 产品特点

甜蜜如同饴糖，香气浓郁，甘美可口，有健脾开胃、润肺消痰的食疗功效。

(九十)糖柚皮

1. 原料配方

鲜柚皮18千克,白砂糖50千克,石灰200克。

2. 工艺流程

选料→浸泡→压榨→煮沸→漂洗→糖煮→冷却→成品。

3. 制作方法

(1)浸泡 将柚皮与石灰一起放入水中,浸泡4小时。

(2)压榨 将浸泡过的柚皮捞出,装入箩筐冲洗,边冲边压榨,挤出苦味。

(3)煮沸 用清水漂洗柚皮数次,直到将柚皮苦味去净。然后放入沸水中煮沸,至柚皮膨胀捞出,刨成片状。

(4)漂洗 用清水浸漂1小时,捞出压干水分。

(5)糖渍 取一半白砂糖,加水约10升,与柚皮一起煮沸,至柚皮膨胀,不断搅拌,约煮沸30分钟。加入剩余的白砂糖煮沸,至糖液滴入冷水中能结成珠时,将柚皮捞出。也按上述方法浸渍,24小时后滤去糖液,取出暴晒。

(6)复晒 每隔1小时翻动1次,晒7小时左右,然后放入容器中。

(7)加料浸渍 将剩余的甘草液及前2次用过的糖液一起倒入锅内煮沸,并加入白糖和食用色素,调匀后,注入盛有金橘的容器内。按上述方法,再次浸渍,待全部糖液被金橘吸收后,再取出暴晒。

(8)暴晒 每隔1小时翻动1次，直到大部分水分被蒸发、表面糖液浓缩成胶黏状时，即为成品。

4. 产品特点

外形扁圆，呈黄褐色，味甜、咸、微酸，并有浓郁的甘草回味，食之开胃通气。

五、各类蔬菜类果脯蜜饯加工技术

(一)茄子脯

1. 配　方

茄子 100 千克,白糖 65 千克,亚硫酸钠、柠檬酸适量。

2. 工艺流程

原料→选择→预处理→糖制→烘烤→回软→整形→包装→成品。

3. 操作要点

(1)选料　去掉茄蒂、外皮,纵切成 6～8 瓣,放入 1.5%～2% 食盐水中浸泡 4～6 小时。然后捞出放入沸水中预煮至七八成熟时捞出,立即放入凉水中,冷却后放入护色液中浸泡护色。护色液用 0.2%亚硫酸钠溶液,或 1%柠檬酸溶液均可。

(2)糖渍　将处理好的茄子半成品进行糖渍。一般是 100 千克半成品用糖 60～70 千克,一层茄块一层糖逐层放入缸中,最后放一层糖覆盖,腌渍 2 天。

(3)糖煮　将糖渍好的茄块捞出,调整糖液浓度至 40%左右,加热煮沸,再将糖渍好的茄块加入锅中,煮沸 3～5 分钟。最后加入适量白糖微沸 5～10 分钟,糖液浓度达 60%时,停止加热。沥净糖液适当烘烤,半干时再放入加热至沸的原糖液中,浸泡 24～

48小时。

(4)烘烤、回软、包装 在65℃～70℃条件下烘12～16小时，水分含量在16%～18%时出房。置于25℃室内，回软24小时后整形包装。

(二)芹菜脯

1. 配 方

芹菜100千克，白砂糖70千克，石灰、柠檬酸适量。

2. 工艺流程

选料→切分→硬化→漂洗→真空浸糖→干燥→成品。

3. 操作要点

(1)选料 选质地脆嫩、无渣、大小一致的新鲜芹菜，并剔除病残植株，去根叶。

(2)切分 洗净后切成4～5厘米长的小段。

(3)硬化 在沸水中浸泡0.5～1分钟，立即冷却，倒入浓度为0.8%石灰水中，浸泡9～11小时。

(4)漂洗 换清水漂洗数次，并沥干水分。

(5)真空浸糖 将原料倒入真空浸糖机，然后注入煮沸5～10分钟的40%糖液，在0.087～0.091兆帕下保持1小时。在原糖液中浸泡9～11小时，捞出沥干，调整糖度至65%，成高浓度真空浸糖。同时加入糖液重0.2%的柠檬酸，捞出沥干。

(6)干燥 摊晾在烘盘上，烘房温度65℃，时间15～20小时即可。

（三）胡萝卜脯

1. 配　方

胡萝卜100千克，白砂糖60千克，石灰10千克，氢氧化钠适量。

2. 工艺流程

胡萝卜→挑选→清洗→去皮→切条→浸泡→漂洗→烫煮→漂洗→糖煮→浓缩→烘干→包装→成品。

3. 操作要点

（1）去皮　采用氢氧化钠碱液化学去皮。碱液浓度在8%～12%，温度95℃，时间1～3分钟。捞出后用清水冲洗2～3分钟。

（2）切条、浸泡、漂洗　切成长4～5厘米、宽1厘米、厚0.5厘米的条，放进0.6%石灰水中浸泡8～12小时。捞出，反复用清水漂洗3～4次，每次1～2小时。

（3）烫煮　漂洗过的果条倒入预先煮沸的清水中烫煮20分钟，然后取出用清水漂洗4小时，捞出沥水。

（4）糖煮、浓缩　加热烧沸6升清水，将60千克白砂糖分4次加入煎煮，每次相隔30分钟。在第一次糖液烧沸后，便放进胡萝卜小火煎煮，最后糖液浓缩将干，此时胡萝卜已变软，便可停火捞出。

（5）烘干、包装　烘房烘烤温度60℃～70℃，成品含水量不超过20%。取出后冷却，即可称量包装。

（四）萝卜脆片

1. 工艺流程

新鲜红萝卜→水洗→去皮→切片→杀青→浸渍糖液→冷冻→真空油炸→离心→调味→包装→成品。

2. 操作要点

(1)原料处理 将原料洗净、去皮、沥干表面水分，切成横向为2毫米厚的薄片。

(2)杀青 工艺参数为：95℃，2分钟。

(3)浸渍糖液 浸入50%的果糖溶液中，30分钟。

(4)冷冻 —30℃冷冻隔夜，不经解冻即进行真空油炸。

(5)真空油炸 温度为125℃，时间为4分钟；此温度可以保持较佳的果片色泽及脆度。

(6)离心 时间为30分钟，转速为600转/分。

(7)调味 可以在表面喷涂粉末状糖粉、辣椒粉、胡椒粉、可可粉、柠檬酸等，也可不另行调味，直接包装。

（五）胡萝卜蜜饯

1. 配　方

胡萝卜100千克，蔗糖60千克，石灰3千克，糖粉3千克。

2. 工艺流程

选料→洗涤→去皮→切分→硬化→漂洗→糖制→拌糖粉→包

装→成品。

3. 操作要点

(1) 选料、洗涤 选择色泽较好,八九成熟的黄色或红色品种为原料。可先在清水中浸泡,再用清洗机洗涤。

(2) 切分 将胡萝卜切成1.4～1.5厘米长的圆筒形,放入沸水锅中漂烫,至用竹签能轻轻插进时,用薄圆管逐个将胡萝卜芯套出。

(3) 硬化 将石灰配制成浓度为5%石灰水,把胡萝卜倒入其中浸泡6～8小时即可。

(4) 漂洗 将坯料入清水池,浸泡48小时,其间每天换水3～4次,然后捞出、沥干。

(5) 糖制 先取一缸,配制浓度为50%糖液100升,倒入坯料,浸渍24小时再把糖液移至锅中,加糖10千克,加热熬煮至浓度为60%左右,倒入坯料,浸渍24小时。接着把糖液与坯料于锅中一起加热至沸,再移至缸中,浸渍24小时。随后,又将糖液与坯料一起入锅,加热煮沸,到糖液浓度为75%时,移至缸中浸渍24小时,捞出,沥干。另外,配制新鲜的、浓度为60%的糖液30升,熬煮至浓度为80%时,加入坯料,再沸时,即可停止加热。

(6) 拌糖粉、包装 捞出坯料入粉盒中,当冷却至60℃～65℃时,拌入糖粉,充分拌匀,即为胡萝卜蜜饯。接着,用玻璃纸进行单粒包装。

(六)番茄脯

1. 配　方

(1) 主料 番茄100千克。

(2)重糖液 砂糖22.5千克，水27.5升，柠檬酸150克。

(3)轻糖液 砂糖10千克，水40升。

2. 工艺流程

选料→去皮→修整切块→石灰水浸泡→轻糖液煮制与浸渍→重糖煮制与浸渍→烘干脱水→整形→成品。

3. 操作要点

(1)选料 选果肉硬度较高、肥厚、籽少、汁液少的原料。

(2)去皮 将番茄倒入95℃～98℃水中，经10～30秒，立即捞出放入冷水中去皮。

(3)修整切块 将蒂把去掉，从中间切成2瓣。

(4)石灰水浸泡 将番茄块倒入10%浓度的石灰水中浸泡12小时，捞出沥去石灰水，再用清水冲洗，最后倒入清洗槽，洗净。

(5)轻糖煮制与浸渍 在锅中加入配方量水，加热至70℃～80℃，加入砂糖，搅拌溶化。将沥干水的番茄块倒入已沸的糖液中，煮10分钟，补砂糖使糖液浓度为10%，再煮5分钟停止加热，连同糖液一起浸渍24小时。

(6)重糖煮制与浸渍 按配方配制好糖液后加热至沸，倒入浸渍过1次的番茄块煮制10分钟，每100升糖液补加3～4千克砂糖和少量冷糖液，每隔10分钟补糖1次，至最后糖液浓度达29%，pH值2～3即可，煮制20～30分钟。停止加热，连同糖液降到40℃以下浸泡48小时。捞出沥去糖液。

(7)烘干、包装 均匀摆在烘干架上，在55℃～60℃温度下烘10小时，翻盘后，再烘24小时取出，冷却至室温进行整形包装。

(七)蜜 番 茄

1. 配　方

鲜番茄100千克，蔗糖50千克，食盐1.5千克，生石灰1.2千克，糖粉3千克。

2. 工艺流程

选料→清洗→刺孔→划纹→盐渍→硬化→漂烫→糖制→上糖衣→包装→成品。

3. 操作要点

(1)选料、清洗　选择形态完整、果型大小一致、无虫、无伤、九成熟的番茄为原料，用清水洗净，沥干。

(2)刺孔、划纹　将番茄摘去蒂把，然后用专用针具在番茄外表面上均匀地进行刺孔，深至中心，再用专用刀具沿其周身划8～12条纹。

(3)盐渍　取一缸，放入番茄和食盐拌匀，腌制1～2小时后，用手轻轻挤压，挤掉汁液及籽粒。

(4)硬化　将石灰配制成浓度为5%的石灰水，把番茄倒入石灰水中，浸泡6～8小时，待番茄颜色转黄、果肉略微变硬时捞出。

(5)漂烫　将番茄用清水漂洗后，入沸水中沸煮3～4分钟，移至清水池，浸泡10～12小时，其间换水3～4次，去除石灰味。

(6)糖制　取一缸，将蔗糖50千克加水配制成浓度为60%的糖液，倒入番茄，浸渍24小时；然后将番茄连同糖液一起入锅煮沸，沸煮5～6分钟，移至缸中，浸渍24～36小时；再连同糖液一起入锅，煮沸，沸煮5～6分钟后，移至缸中，浸渍24小时。

接着，把番茄连同糖液入锅，用中火熬煮，并用木铲适当搅动，待糖液浓度达到65%左右、番茄呈半透明状时，连同糖液移至缸中，浸渍5～6天，再用中火熬煮1小时左右，捞出。

(7)上糖衣、包装 将番茄置于工作台上，另取糖粉3千克，均匀撒于其上，并适当翻动，使其黏附均匀。随后，即可用玻璃纸进行单个包装，再装于盒内。

(八)冬瓜脯

1. 配 方

冬瓜条100千克，蔗糖60千克，亚硫酸氢钠200克，明矾200克，石灰4千克。

2. 工艺流程

选料→去皮→切条→硬化→漂洗→发酵→漂烫→糖制→挑沙→烘干→包装→成品。

3. 操作要点

(1)选料 选择个大、肉厚、皮薄、致密、成熟的冬瓜为原料，剔除病虫害、损伤、腐烂的冬瓜，对局部腐烂者亦要削尽。

(2)去皮、切条 用刨刀削去外皮，直至外皮稍带青色为止。然后，将瓜切开，挖净瓜瓤，将瓜肉切成长40～50毫米、高和宽为8～12毫米见方的冬瓜条。

(3)硬化 将石灰加于60升清水中，化开、搅匀，取其上清液入缸，再倒入瓜条，使其全都浸没于石灰水中，浸泡8～10小时，当瓜条质地变硬、能折断时即可。

(4)漂洗 捞出硬化瓜条，用清水洗净其表面石灰，移入池中浸泡1天左右，其间换水6次，以洗净石灰味。

(5)发酵 将瓜条移至缸中，加水浸泡20～24小时，使其轻微自然发酵。为加快发酵，水中可加少量白糖，温度控制在28℃～30℃，当水面出现少量泡沫时即行停止发酵。

(6)漂烫 取夹层锅，放清水100升，加入明矾，加热至沸，放入瓜条，漂烫8～10分钟，使瓜条弯曲时不易折断为度。这时，立即捞出，入冷水中彻底冷却，然后捞出，沥干水分。

(7)糖制 先糖腌。取一缸，将蔗糖与亚硫酸氢钠拌和均匀，再取来瓜条，一层瓜条一层糖，最上层用糖盖住，腌渍40～48小时。

接着进行糖煮。将糖液移至锅中，加热至沸，沸煮12～15分钟，然后将瓜条连同糖液一起倒入缸中，浸渍40～48小时。

最后，将糖液移入锅中，加热煮沸浓缩，使糖液浓度为75%～80%，这时倒入冬瓜条，沸煮25～30分钟，当糖液呈黏稠状，即可停止加热。

(8)挑沙 将冬瓜条及时捞出，摊于工作台上，开动鼓风机强制冷却，并将其不断翻动。当冬瓜条表面返沙时，停止挑沙。

(9)烘干、包装 将冬瓜条摊于烘盘上，送入烘房，用50℃的温度进行低温烘烤，至含水量不超过18%时，停止烘烤。待冷却后，即可进行分级定量包装。

(九)萝卜脯

1. 配　方

萝卜100千克，蔗糖50千克，石灰10千克。

2. 工艺流程

选料→清洗→去皮→切分→硬化→漂洗→漂烫→糖制→出坯→包装→成品。

3. 操作要点

(1)选料 选择表面光滑、无空心黑心、0.5千克以上、白嫩的沙土白萝卜为原料。

(2)清洗、去皮 可先将萝卜放在水中浸泡，然后用洗涤机洗净，再削去表皮。

(3)切分 视萝卜形体大小，可将萝卜切成圆片、方片和条形等各种规格的生坯。

(4)硬化 将石灰溶于水，配制成浓度为8%的石灰水，取上清液，把萝卜生坯放入石灰水中，浸泡12～16小时。

(5)漂洗 捞出萝卜坯，用清水洗去表面石灰水，放入清水池，漂洗3～4天，其间每天换水2～3次。至水色转清、水无涩味为止。

(6)漂烫 取一锅，加水80升，加热至沸，倒入生坯，待坯料下沉，即可捞出，入清水池中再漂洗2天，其间换水数次，即可捞出。

(7)糖制 取一缸，将蔗糖配制成浓度为40%的糖液，再将萝卜坯倒入缸中，浸渍24小时。然后一起移入锅中，先用大火加热至沸，然后用中火熬煮，待糖液浓度达到65%以上，取出坯料掰开时断面色泽一致、无花斑时，即可停止加热，一起移入缸中浸渍7～8天。

(8)出坯、包装 将糖液与坯料一起移入锅内，用中火煮沸，然后捞出、沥干，则为成品，即可进行包装。

（十）糖蜜萝卜丝

1. 配　方

萝卜100千克，蔗糖30千克，柠檬酸200克，甜蜜素2千克，明矾0.4千克，食盐6千克，糖粉4千克。

2. 工艺流程

选料→清洗→去皮→切丝→腌渍→糖制→烘干→浸渍→烘干→拌糖粉→包装→成品。

3. 操作要点

(1)选料、清洗、去皮　这3道工序与生产萝卜脯工艺相似，可参照操作。

(2)切丝　将去皮的萝卜用切丝机切成2毫米×2毫米×80毫米的细长丝。

(3)腌渍　配制浓度为0.4%明矾溶液60升，然后加入食盐，使盐液浓度为10%左右。倒入萝卜丝，使之淹没萝卜丝，腌渍3～4天。

(4)糖制　将萝卜丝捞出，入清水池漂洗后，沥干水分。另取一缸，将30千克蔗糖与萝卜丝入缸，充分拌匀，糖渍3～4天，捞出、沥干，摊于烘盘上。

(5)烘干　将烘盘送入烘房。在60℃～65℃温度下烘至七八成干，然后移出。

(6)浸渍　取一大缸，放入60升清水，加入柠檬酸、甜蜜素、香料等配料，使之溶解，然后倒入萝卜丝，充分拌和，使萝卜丝能充分吸收料液。

(7) 烘干　待萝卜丝将料液吸收完之后，摊于烘盘上，送入烘房，在 55℃～60℃温度下烘至含水量 20%左右。

(8) 拌糖粉、包装　将萝卜丝取出，置于工作台上，随即拌入 4 千克糖粉，拌和均匀，即可用塑料袋进行定量密封包装。

（十一）南瓜脯

1. 配　方

南瓜片 100 千克，蔗糖 40 千克，柠檬酸、食盐、石灰适量。

2. 工艺流程

选料→去皮→切分→硬化→漂洗→漂烫→糖制→烘干→包装→成品。

3. 操作要点

(1) 选料　选择九成熟以上、但不过熟、花皮黄肉的品种，剔除腐烂、环斑、病虫害者。

(2) 去皮、切分　将南瓜削去外皮、切半、去瓜瓤、去籽，再切成 0.8～1.0 厘米的南瓜片，其长和宽可按生产要求而定。

(3) 硬化　取一缸，配制好浓度为 2%的食盐水 80 升，倒入 100 千克南瓜片，浸泡 4～5 小时，然后捞出，用清水冲洗干净，随即放入浓度为 5%石灰水中，浸泡 4～6 小时。

(4) 漂洗　将南瓜片捞出，用清水冲洗 2～3 次，再用清水浸泡 12～14 小时，以除尽石灰味。其间换水 2～3 次。

(5) 漂烫　取一锅，倒入清水 60 升，加入适量柠檬酸，调整 pH 值为 3～4，加热至沸，倒入南瓜片，沸煮 6～8 分钟，捞出，用冷水冷却。

(6)糖制 先糖渍。取一缸，用30千克蔗糖腌渍100千克瓜片，拌匀后装入缸中，上面再盖一层糖，糖渍24～30小时。然后，倒入浓度为50%的沸腾糖液20升，继续糖渍24～30小时。

随后进行糖煮。取一锅，将缸中糖液移至锅中，加热浓缩至50%左右，倒入南瓜片，沸煮10～12分钟。移出南瓜片，将糖液浓度浓缩至70%左右，倒入南瓜片，文火沸煮至瓜片有透明感时为止。然后，将瓜片和糖液一起移至缸中，浸渍24小时，再捞出、沥干糖液。

(7)烘干、包装 将南瓜片摊入烘盘，送入烘房，在65℃～70℃温度下烘烤至含水量为16%～18%为止。出烘房后，在室温下回潮24小时，再用塑料袋做定量密封包装。

（十二）红薯脯

1. 配 方

红薯50千克，蔗糖30千克，明矾0.2千克，食盐1.6千克，生石灰适量。

2. 工艺流程

选料→清洗→去皮→切片→护色→硬化→糖制→烘干→包装→成品。

3. 操作要点

(1)选料 选择质地紧密、无创伤、无污染、无霉烂变质、块形圆整的块根。

(2)清洗 用机械或人工刷洗的方法，将红薯洗涤干净，最后用清水冲洗1次。

(3)去皮、切片 用去皮机或人工将薯皮去掉,然后进切片机,将红薯切成6～8毫米的薯片。用清水洗去薯片表面的碎屑。

(4)护色 取一缸,先配好含盐2%、含明矾0.2%的水溶液80升,将薯片倒入缸中,浸渍8～10小时。捞出,用清水冲洗2次后,再换清水浸泡8～10小时。捞出、沥干。

(5)硬化 用0.2～0.5%石灰液浸泡薯块12～16小时,硬化后用清水漂洗10～15分钟。

(6)糖制 先糖渍。取一缸,将100千克薯片和50千克蔗糖拌和在一起,腌制24小时。然后,将糖液移至锅中,加热至沸,倒入薯片,沸煮8～10分钟,如此反复2次。最后,将薯片和糖液一起移至缸中,浸渍24～30小时,使薯片充分吸收糖液。

(7)烘干、包装 将薯片捞出,沥干糖液,摊入烘盘,送入烘房烘烤,温度控制在65℃～70℃,经过8～12小时,薯片的含水量降至16%～18%时,即可出烘房。晾凉后,除去碎屑和小块,即可进行定量密封包装。

(十三)红薯蜜条

1. 配　方

红薯条100千克,蔗糖40千克,蜂蜜4千克,柠檬酸0.3千克,红色素适量。

2. 工艺流程

选料→清洗→去皮→切条→护色→漂洗→糖制→烘干→包装→成品。

3. 操作要点

(1)选料、清洗、去皮 这3道工序与上述红薯脯相同,可参照操作。

(2)切条、护色、漂洗 先将红薯切成1厘米左右的片状,再切成5厘米×1厘米×1厘米的条状,随即进行护色和漂洗,其操作同红薯脯。

(3)糖制 取一锅,先将蔗糖入锅,配制成浓度为40%的糖液,再加入蜂蜜、柠檬酸、红色素,再倒入100千克的红薯条,加热至沸,沸煮10～12分钟,煮时注意搅拌。随后,将薯条同糖液一起移至缸中,浸渍24小时,再将糖液入锅,加热至沸,浓度控制在60%左右,倒入薯条,沸煮至浓度为70%,薯条呈半透明状时为止。捞出薯条,沥干,摊于烘盘上。

(4)烘干、包装 将烘盘送入烘房,在60℃温度下烘至含水量不超过12%为止。待冷却后,即可进行定量密封包装。

(十四)莴笋脯

1. 配 方

鲜莴笋100千克,蔗糖65千克,柠檬酸300克,石灰3千克,亚硫酸氢钠适量。

2. 工艺流程

选料→清洗→去皮→切分→硬化→漂洗→漂烫→浸硫→糖制→烘制→包装→成品。

3. 操作要点

(1)选料、清洗 选用头大、秆长、含纤维少、发育良好的莴笋为原料，将其用流动水浸泡，清洗干净。

(2)去皮、切分 将莴笋逐个去皮，要将纤维层全部削去，切去根部较老部分和上部过嫩部分，再将其切成 4 厘米×2 厘米×1 厘米规格的长条。

(3)硬化 取一缸，将 3 千克石灰加入到 60 升清水中拌匀、溶解，取其澄清液，再倒入笋条，浸泡 12～14 小时。

(4)漂洗 取一缸，放入清水，倒入笋条，浸泡 20 小时，其间换水 3～4 次，然后捞出，沥干水分。

(5)漂烫 取一锅，注入清水，加热至沸，将笋条倒入沸水中，沸煮 5～8 分钟。

(6)浸硫 将笋条捞出，移入清水中冷凉。另取一锅，配制浓度为 0.2%亚硫酸氢钠溶液，将笋条倒入，浸泡 3～4 小时。然后捞出，沥干水分。

(7)糖制 取一锅，将 30 千克蔗糖配制成浓度为 50%的糖液，并加入柠檬酸，煮沸后倒入浸缸，接着把笋条移入浸缸，浸渍 48 小时。

随后进行糖煮。另取一锅，放入糖渍液，添加蔗糖约 20 千克，使糖液浓度达到 60%左右。煮沸后放入笋条，煮 20～25 分钟，然后逐步撒入干蔗糖 15 千克，加热熬煮，使糖液浓度达到 65%左右。当笋条有透明感时，将笋条连同糖液一起移至浸缸，浸渍 48 小时。捞出，沥干糖液。

(8)烘干、包装 将笋条放入烘盘摊平，送入烘房，在 60℃～65℃温度下烘烤，烘至含水量不超过 20%为止。随后，进行定量密封包装。

(十五)莴笋糖片

1. 配　方

鲜莴笋片100千克,蔗糖60千克,柠檬酸22克,植物油适量。

2. 工艺流程

选料→清洗→去皮→切分→蒸制→配糖渍液→糖渍→烘制→包装→成品。

3. 操作要点

(1)选料、清洗、去皮、切分　前3项操作均与莴笋脯操作相同。切分时,可按横向切成0.5～0.6厘米厚的圆片。

(2)蒸制　取一大蒸屉,放入笋片,加热蒸制约30分钟,随后移出晾凉。

(3)配糖渍液　取一锅,加入50千克蔗糖和50升清水,加热溶解后,再用文火熬煮,熬至糖液浓度达80%时为止。要注意随时搅拌,避免糖液焦化,熬后放凉。

接着,将柠檬酸放入冷糖液中,拌和均匀,口尝味酸且甜,再加入适量植物油,于糖液中搅拌均匀,即成糖渍液。

(4)糖渍　取一缸,将笋片和糖渍液一起入缸,糖渍液应能将笋片全部淹没,浸渍48小时,每2小时轻轻搅动1次。接着,将糖液移至锅中,加热煮沸,熬煮至糖液浓度达75%为止。把糖液移至缸中,再浸渍48小时,每2小时搅拌1次。然后捞出笋片,沥干糖液。

(5)烘制、包装　将笋片摊放于竹篦上,送入烘房,于55℃～60℃温度下烘制6～8小时,不可太干。随后,即可用塑料袋做定量密封包装。

(十六)姜 糖 片

1. 配 方

鲜姜 100 千克,白砂糖 65～70 千克,亚硫酸氢钠适量。

2. 工艺流程

选料→清洗→切片→硫处理→烫漂→糖渍→糖煮→冷却→成品。

3. 操作要点

(1) 选料 选用肉质肥厚、块型较大、筋较少的新鲜嫩姜作原料,以板姜为佳。去除腐烂部分。

(2) 切片 将新鲜生姜用水洗去泥污,剪掉枝芽,刮去厚皮。顺着姜芽切成或刨成 2～3 毫米厚的薄片。

(3) 硫处理 将姜片放入浓度为 3%亚硫酸氢钠溶液中浸泡 20 分钟,捞出用清水漂洗干净,沥干水分。

(4) 烫漂 将经硫处理过的姜片于沸水中煮 10 分钟,立即捞出,放入冷水中冷却。

(5) 糖渍 将姜片 100 千克置于容器中,加入白砂糖 30 千克,充分拌和,糖渍 24 小时后,再加白砂糖 10 千克,拌和糖渍。连续 2 次,共糖渍 7 天左右。实际用糖量在 50 千克左右。

(6) 糖煮 待姜片呈透明状时,即可将姜片连同糖液一起倒入锅中,加热煮沸,再加白砂糖 15 千克,煮至姜片透明时,取出冷却,即成姜糖片。

（十七）糖藕片

1. 配　方

鲜藕 50 千克，白糖粉 2 千克，白砂糖 30 千克，柠檬酸适量。

2. 工艺流程

选料→清洗→去皮→烫煮→切片→漂洗→糖煮→糖渍→糖煮→拌糖粉→冷却→包装→成品。

3. 操作要点

（1）选料　选用肉质白嫩、成熟肥大、根头粗壮的鲜藕，剔除伤烂、孔中有泥污、锈斑严重的藕。

（2）清洗、去皮　将鲜藕用清水刷洗干净，去除泥污，用钢刀或竹刀刮去表皮，再用清水冲洗干净后，立即浸入浓度为 1.5%的盐水中护色，浸泡时间不超过 15 分钟。

（3）烫煮　将洗净的藕放入沸水中烫漂 20 分钟左右，立即在清水中冷却备用。

（4）切片　用钢刀将藕横斜切成薄片，规格为 5～6 毫米厚，要求均匀一致，并削尽残留外皮及斑点。

（5）漂洗　将藕片放入清水中漂洗，以除去藕丝和胶体液。

（6）糖煮　取白砂糖 25 千克，加入清水 10 升，加热煮沸。再加入少量柠檬酸，将藕片放入，煮 20～30 分钟，离火。

（7）糖渍　将糖液和藕片同入缸中，浸泡 24～36 小时，补足糖量继续糖煮，至糖液温度达 112℃时离火，即刻捞出藕片，沥去糖液。

（8）拌糖粉　预先将糖粉铺在容器中，将煮好的藕片趁热放在里面，拌和均匀，使藕片全部粘满糖粉，晾干后即为成品。

（十八）西葫芦脯

1. 配　方

西葫芦（去皮、瓤、籽）50 千克，白糖 35 千克，明矾、石灰适量。

2. 工艺流程

选料→去皮、瓤、籽→切条→硬化→漂洗→糖渍→糖煮→糖渍→烘干→冷却→成品。

3. 操作要点

（1）原料处理　选用八九成熟的西葫芦，去掉表面泥土，刮皮，去瓤和籽，然后切成 5 厘米×1 厘米×1 厘米的长方体。

（2）硬化　将瓜条放入含 2%明矾和 3%石灰的混合液中，浸泡 3～5 小时，捞出后，用清水漂洗多次，至无石灰味后捞出。

（3）烫漂　将洗净的瓜条倒入沸水中，煮沸 2 分钟捞出，放入冷水中冷透。

（4）糖渍　先取 25 千克糖，用少量水溶化，倒入沥干水分的瓜条，糖渍 3 天左右时间，至糖分大部分渗入。

（5）糖煮　将糖液和瓜条一同入锅，加热煮沸，加入剩余糖，煮至糖液浓度为 63%以上时，即可离火，糖渍 1～2 天，便可沥干糖液。

（6）烘干　将沥干的瓜条送入烘房，温度控制在 50℃～60℃，烘至不粘手为宜。冷却即为成品。

（十九）低糖黄瓜脯

1. 配　方

黄瓜100千克，白糖70千克，石灰、明矾、叶绿素铜钠盐适量，淀粉糖浆适量。

2. 工艺流程

选料→清洗→切段、去心→硬化、护色→糖渍→烘烤→包装→成品。

3. 操作要点

(1)选料、预处理　选择新鲜、个大的青色黄瓜，洗净晾干，横切成长约4厘米的小段，去瓤，用刀片在瓜段周围纵划若干条纹，深度为瓜肉的1/2左右。

(2)硬化、护色　将瓜段置于饱和澄清石灰水中浸渍6～8小时，再移入含2%明矾和含微量叶绿素铜钠盐的溶液中浸渍4小时，捞出沥干。

(3)糖渍　用30%淀粉糖浆或葡萄糖和70%白砂糖混合，配制浓度为45%～50%的糖液。将黄瓜段置于糖液中进行真空渗糖1小时，捞出再投入50%的混合糖液中糖渍10～12小时。

(4)烘烤　把糖渍好的黄瓜段捞出沥净糖液，均匀地摆在烘盘上，入烘房在60℃～70℃条件下烘烤，至瓜脯柔韧而不黏手时为止。

(5)包装　在真空度为0.07兆帕下，用复合铝箔塑料薄膜袋进行真空包装。

(二十)蜜小黄瓜

1. 配　方

鲜黄瓜100千克,食盐10千克,面粉5千克,蔗糖15千克。

2. 工艺流程

选料→清洗→腌制→制黄子→腌制→拌糖→腌制→成品。

3. 操作要点

(1)腌制　将新鲜小黄瓜洗净晾干,用盐腌渍,每5千克用盐0.5千克、腌渍1天后取出用清水洗净,重新腌制,按瓜∶盐重10∶1的比例,一层黄瓜一层盐,装入腌缸内,用石块压在上头,每天翻缸1次,10天后起缸。

(2)黄子的制作　0.5千克面粉加0.2升清水,和好擀成薄片,切成长方形块,再切成2厘米厚的长条片,上锅蒸熟,将面片放在28℃左右的地方,3~4天可以发酵长出一层黄毛,晒干捣碎即可。

(3)腌制　腌制5千克小黄瓜,用黄子2千克。先在缸底铺一层黄子,再铺一层咸黄瓜。

(4)腌制　腌缸放在温度较高的地方,不要盖严。一般晚上敞盖,白天把盖撑起。40天左右即成。

(5)拌糖、成品　将小黄瓜中的酱除掉,沥干,分2次拌糖。5千克小黄瓜,第一次拌白砂糖0.5千克。隔2~3天后,翻缸1次除去糖卤;再用1千克白糖翻拌,7天后,在上面撒一些第一次用过的白糖卤,再腌制4~5天即成。

(二十一)纯天然型果蔬青红丝

1. 配　方

甜椒 1 千克,白砂糖 350 克,高锰酸钾 0.1%,氯化钙 0.5%～1%,柠檬酸适量。

2. 工艺流程

选料→清洗→划线切丝→烫漂→糖制→晾晒→成品。

3. 操作要点

(1)选料　选取个大、肉厚、色鲜的柿子椒(红、绿色均可),洗净,如果料面残留有农药,可用 0.1%高锰酸钾溶液浸泡 5 分钟后再用清水洗。

(2)化线、切丝　用划线器给柿子椒切丝,要求成品料丝长度不少于 3 厘米。

(3)烫漂　用 0.5%～1%氯化钙水溶液加碳酸钠调 pH 值为 8～9,95℃浸泡绿色料丝 5～10 分钟;用 0.5%～1%氯化钙水溶液加柠檬酸调 pH 值为 5～6,在 95℃条件下浸泡红色料丝 5～10 分钟。

(4)糖制　将料丝在 40%～50%糖液中浸泡 24 小时,再用 30%～40%糖液煮沸 2～3 分钟,带汁浸渍 30 分钟,然后每次将浓度提高 10%,重复上述操作 3～4 次即可。

(5)晾晒　腌制好的青红丝晾晒数日即可。

(二十二)红辣椒脯

1. 配　方

红辣椒 100 千克,1%明矾,0.5%氯化钙,食盐 5 千克,白糖 30 千克,柠檬酸适量。

2. 工艺流程

原料→处理→浸泡→煮沸→糖浸→糖煮→烘干→加调料→包装→成品。

3. 操作要点

(1)选料、浸泡　选新鲜、肉厚、无损害的红辣椒,用清水冲洗干净,摘去蒂梗,用不锈钢刀去除籽和筋。放入含有 1%明矾和 0.2%氯化钙溶液中浸泡 15～20 小时。

(2)煮沸、糖浸　捞出红辣椒,用流水漂洗 4～5 小时。放入沸水中沸煮 5～10 分钟。捞出,冷却,放入浓度 45%糖液中浸泡 20 小时左右。

(3)糖煮　将红辣椒从糖液中取出,沥干。再向糖液中加入白糖、食盐和柠檬酸,煮沸后加入糖浸过的辣椒煮制 10 分钟左右;然后置于冷糖水中浸泡 10～20 小时;捞出辣椒,再向糖液中加一定量白糖,煮沸后加入糖浸过的辣椒煮制,糖度为 70%左右。再捞出沥干。

(4)烘干　在 50℃下将沥干的红辣椒烘 3 小时左右,再升温至 65℃烘 5 小时左右。

(5)加调料、包装　趁热在辣椒上涂抹少量香油或撒些芝麻。辣椒脯冷却后,称量放入小包装塑料袋,真空包装。

（二十三）大蒜脯

1. 配　方

大蒜100千克，硫磺500克，盐5千克，桂花13千克，陈皮9千克，小茴香13千克，乙酸、柠檬酸、调味料适量。

2. 工艺流程

选料→漂洗→熏硫→腌制→脱臭→糖煮→调味→烘干→包装→成品。

3. 操作要点

（1）选料、漂洗　选成熟、优质的去皮蒜瓣用清水浸泡6～8小时，每隔2小时换1次水，然后去内衣再漂洗8小时。

（2）熏硫　捞出浸泡好的蒜瓣，沥水，每100千克蒜用0.5千克硫磺，熏硫1～1.5小时。

（3）腌制　100千克蒜瓣加5千克盐混匀，入缸腌制24小时，其间均匀倒缸1次，盐渍完毕将蒜瓣切分成2片，用水漂洗10小时，每2小时换水1次。

（4）脱臭　煮沸1.5%～2%乙酸溶液，倒入蒜片煮15～20分钟，捞出用清水漂至溶液呈中性。

（5）糖煮　取内含0.3%柠檬酸的30%浓度糖液3份，放入蒜1份，小火慢熬糖煮至蒜片透明、糖液浓度达50%时捞出，速用95℃热水洗去表面糖液。

（6）调味　将调味料混合后小火煮沸1小时，滤后调整总量至10千克，将1.5千克味精、2千克盐溶解后倒入100千克蒜片中拌匀。

(7)烘干、包装 将调好味的蒜片均匀摊放在烘盘上，入烘房，在60℃～70℃温度下烘烤8～10小时，含水量为18％～20％时即可出房，回潮后包装。

(二十四)美味蒜脯

1. 配　方

白皮大蒜头100千克，乙酸溶液1.5％～2％，硫磺500克，柠檬酸溶液0.3％，盐5千克，30％糖液∶蒜片＝3∶1，调味料适量。

2. 工艺流程

白皮大蒜头→水泡3天→分瓣、去皮→薰硫→盐渍→脱盐→脱臭→糖煮→调味→烘干→回软→包装→成品。

3. 操作要点

(1)选料、漂洗 选白皮大蒜头，用清水浸泡3天，再分瓣、去皮。

(2)熏硫 每100千克蒜用0.5千克硫磺，熏硫1～1.5小时。

(3)盐渍 100千克蒜瓣加5千克盐混匀，入缸压实，放置24小时，其间倒缸1次。

(4)脱盐 蒜瓣切成2半，水漂洗10小时，每2小时换水1次。

(5)脱臭 煮沸1.5％～2％乙酸溶液，倒入蒜片煮15～20分钟，捞出，冷水冲洗至溶液呈中性。

(6)糖煮 取内含0.3％柠檬酸的30％浓度糖液3份，放入蒜1份，小火糖煮至蒜片透明，糖液浓度50％捞出，速用95℃热水洗去表面糖液。

(7)调味 将桂皮、小茴香、陈皮、水以3∶3∶2∶15(千克)比例混合,小火煮沸1小时,滤后调整总量,每10千克加1.5千克味精、2千克盐,溶解后倒入100千克蒜片拌匀。

(8)烘干 60℃～70℃热风干燥蒜片至含水量18%。

(9)回软、包装 干燥后的蒜片放入密封容器中回软36～48小时,即可进行包装。

(二十五)蒜薹脯

1. 配　方

蒜薹40千克,糖65千克,冬虫夏草1千克,水25升,茶叶500克。

2. 工艺流程

蒜薹→选择→清洗→切分、护色→除臭→糖制→烘烤→包装→成品。

3. 操作要点

(1)选料、清洗 用清水将蒜薹冲洗2～3次,再用0.05%高锰酸钾溶液洗去残留农药,最后用清水冲洗2～3次。用30℃左右的温水冲洗冬虫夏草2～3次。

(2)切分、护色 将蒜薹切成3～4厘米长段,放入沸水中1分钟左右,灭酶。预先配制0.5%氯化钙溶液,同时放入葡萄糖酸锌护色剂以护色。蒜薹放入溶液中浸泡14小时后,捞出,冲洗,沥干。

(3)除臭 将500克茶叶放入10升水中煮制5分钟,浸泡10分钟,过滤,将蒜薹放入滤液中浸泡4～5小时,除蒜臭。

(4)糖制 将冬虫夏草1千克浸入25升冷水中12小时，然后煮制1小时；用纱布过滤，滤液加入糖配制成45%糖液备用。将糖液放入容器中，同时加入处理好的蒜薹，置于真空度(0.087～0.093兆帕)，加热至沸腾，直至糖液浓度为60%时结束。再加入200毫克/千克的葡萄糖酸锌为护色液进行护色。浸泡8～12小时，捞出沥干。

(5)烘烤、包装 将沥干后的原料在50℃～60℃烘烤20～25小时，使含水量达20%左右为止，即可进行包装。

(二十六)酱甜嫩姜片

1. 配 方

姜坯80千克，原甜面酱4千克，白砂糖1千克，清水20升，精盐600克，苯甲酸钠10克，味精100克，海藻酸钠4克，氯化钙6克。

2. 工艺流程

鲜姜→腌制→甜嫩姜→初酱→复酱→甜卤浸渍→烘干→包装→成品。

3. 操作要点

(1)咸姜坯制作 挑选鲜姜，洗净，用小刀切分成嫩姜和老姜块，倒入盐水中初腌4～5天，捞出沥干后，再投入盐水中复腌10天。

(2)甜嫩姜的酱制 将咸生姜坯捞出沥干，除去表面盐膜和杂物。分别将嫩姜切成2厘米的姜块，将老姜切成小姜片或姜丝，放入清水中浸泡1～2小时脱盐后的姜料捞出，装入带有孔眼的网袋中，然后置于木架上沥干。

(3) 初酱 把二道酱倒入空缸中，然后把袋装的姜坯投入二道酱中酱制 4～5 天。

(4) 复酱 按姜料重 1∶1 的比例称取熟的原甜面酱，倒入干净的空缸中，同时加入酱重 0.05%苯甲酸钠，搅拌均匀，投入初酱姜坯，复酱 8～10 天。

(5) 甜卤配制 按配比将原甜面酱、白砂糖、清水、精盐、苯甲酸钠、味精、海藻酸钠、氯化钙混合，搅拌均匀。将复酱姜坯捞出沥干，投入卤液浸渍。

(6) 烘干、包装 捞出沥干后的姜片置于烘房烘干。最后用小袋真空封装。

(二十七)风味木瓜片

1. 配 方

木瓜浆 100 千克，蔗糖 80 千克，10%纯淀粉糊 2 千克，姜黄色素适量，香味剂适量。

2. 工艺流程

选料→预处理→配料→成形→烘干→切分→加香→包装→成品。

3. 操作要点

(1) 选料、预处理 可选七八成熟的鲜木瓜，不论大小，清洗后都削皮、剖开、去籽，用沸水漂烫 1～2 分钟，加原料量 1 倍的清水，入打浆机打成细浆，再进入离心机甩掉水分，至手捏出浆为止。

(2) 配料 取打浆去水后的 100 千克木瓜浆，加入蔗糖、姜黄、淀粉糊等，再入打浆机或搅拌机，使之充分混匀。

(3)成形 取平底烘盘，在盘底撒一薄层糖粉，摊入木瓜糖浆，稍加摊平，上面再撒糖粉，然后把表面滚压成 1～1.5 厘米厚的薄层。

(4)烘干 将烘盘推入烘干机烘至半干，移出，切成所要求大小，再烘至含水量为 4%～6%，待其冷却。

(5)加香、包装 可根据消费者的喜好加香，如橘香、乳香、柠檬香、菠萝香等。加香应在包装前，将香味剂用喷雾器喷洒到木瓜片上，随即用聚乙烯袋做定量密封包装。

六、果脯蜜饯加工厂的建立与经营管理

（一）果脯蜜饯加工厂的建立

果脯蜜饯加工厂的筹建是一项经济和技术的综合工作，这项工作是否得当，关系到加工厂建成后的生产条件和经济效益。因此，加工厂的设计建造应在做好社会调查和市场预测的基础上进行。

1. 厂址的选择与厂区布置

（1）厂址选择 厂址选择在保证符合国家基本建设的前提下，应考虑以下问题。

原料 原料基地是果脯蜜饯加工厂的“第一车间”，优质的产品必须有优质的原料做保证。厂址应选择在靠近原料产地的地方，以保证有充足的新鲜优质原料供应，减少运输途中的损耗。

交通和动力 加工生产的产品必须及时外运，才能保证经济效益的实现，因此，厂址应选择在靠近公路、铁路、码头等交通运输方便的地方。要保证加工厂的正常生产和职工的正常生活，厂址附近应有充足的电源和能源。

水源 加工厂用水量非常大，水质的好坏也是加工品质量好坏的前提条件。因此，加工厂附近要有充足的水源和良好的水质。

地势、地质 果脯蜜饯加工厂要求地势平坦，厂区标高应高出通常的最高水位，排水便利，厂址要有一定的地耐力，不应在矿区或下沉地区、流沙地区建厂。

卫生　厂址周围应有良好的卫生条件。厂区附近不应有有害气体、放射性物质、粉尘和其他扩散性污染源。厂址不应设在受污染河流的下游和传染病医院的附近。

工厂占地　工厂占地应尽量不征用农田,少拆或不拆民房,不与农业争水源、动力,厂区占地以满足生产为原则,并留有适当的发展余地。

(2)厂区布置　果脯蜜饯加工厂的厂区布置应以生产车间为主,按工艺流程有序地排列。果脯蜜饯加工厂主要由生产车间、原辅材料仓库、成品库、化验室、办公室、配电室、生活区等几部分组成。厂区内要有良好的卫生条件,空闲地方尽量绿化、美化,厂区内应布置若干道路,以保证运输车辆通行。

2. 厂房的建立与要求

(1)生产车间　生产车间是工厂的主体,在设计施工时必须考虑到给排水、供电、通风、水暖、制冷以及卫生等方面。

生产车间的外形　通常为长方形,其长度通常取决于流水线作业的形式与生产规模。一般长度为60米左右,宽度为12～18米,高度为5～6米。

车间地面、墙壁和房顶　车间的地面可采用石板地面或高标号混凝土地面。车间墙壁应防潮、防腐、防霉,墙裙一般采用白瓷砖,高度为1.5～1.8米,其他墙面可用白水泥砂浆粉刷。车间的顶部最好采用铝合金板做顶板,也可用其他材料,但要有防潮、防腐性能。

车间内排水　车间内应留有排出生产废水的明沟,车间内地面应有一定的倾斜度[1/(50～100)],排水明沟与下水管道的连接处设一栅栏,防止杂物进入下水道。

车间内的布置要力求合理,充分利用空间,设备的布置根据车间的大小有“L”形和“U”形。

(2)辅助车间 辅助车间包括化验室、机修车间、仓库等。

化验室 化验室一般由化验操作间、仪器设备间、微生物培养间和贮藏间组成。化验室一般设在距成品库较近的地方。

机修车间 机修设备有车床、刨床、钻床、铣床及电焊机、砂轮机等。机修车间应设在离生产车间较近的部位,维修方便。

仓库 仓库分原辅材料库和成品库,其中原料库应具备制冷、通风、保湿等功能,辅料库和成品库应保持通风、干燥,原辅材料库应设在车间进口附近,成品库应设在车间成品出口附近,避免重复运输。

3. 加工厂的卫生管理

果脯蜜饯加工厂建成后,在生产中首先应注意卫生管理工作,制定卫生制度,做好专人负责。卫生问题是果脯蜜饯加工过程中的重要问题,也是生产合格成品的关键。主要有车间卫生、环境卫生、个人卫生、原辅材料卫生。

(1)生产车间卫生 生产车间是果脯蜜饯加工的主要场所,车间卫生是保证成品卫生质量的主要环节。要求生产车间必须具备以下卫生条件。

①车间内光线充足,具备良好的通风条件,入口处用水帘水封。

②车间内不允许放置非生产用具,并做到上班前和下班后清扫,保持清洁卫生。

③同一车间内不能同时生产 2 类产品,防止因生产条件不同而造成质量下降。

④加工下脚料或废料,应及时放在指定的场所,及时清除,不得随意乱丢。

⑤定期将车间消毒。

(2)环境卫生 环境卫生的好坏,是工厂培养卫生意识的关键，也是保持车间卫生和个人卫生的前提条件。厂区内应做到：

①主要道路要用水泥或砖硬化，空闲地方应合理布局，栽培花草，搞好绿化、美化。

②各种生产垃圾应及时清除，防止在厂内堆积。

③厂内垃圾箱、厕所应远离生产车间，垃圾应当天处理，厕所应为水冲式。

④厂区下水管道要保持畅通，及时排出生产、生活废水。

（二）蜜饯类加工企业生产规范

蜜饯类加工企业在进行生产时需遵循一定的企业生产规范，现将国家、行业标准（GB 8956—2003，NY/T 436—2009）介绍如下。

1. 人员健康和卫生要求方面

从事食品生产、检验和管理的人员应符合相应法规关于从事食品加工人员的卫生要求和健康检查的规定。每年应进行一次健康检查，必要时做临时健康检查，体检合格后方可上岗。新上岗的食品从业人员应经过健康体检，持有健康合格证明方可上岗。直接从事食品生产、检验和管理的人员，凡患有影响食品卫生疾病者，应调离本岗位。生产、检验和管理人员应保持个人清洁卫生，不得将与生产无关的物品带入车间；工作时不得戴首饰、手表，不得化妆；进入车间时应洗手、消毒并穿着工作服、帽、鞋，离开车间时换下工作服、帽、鞋；工作帽、服应集中管理，统一清洗、消毒，统一发放。不同卫生要求的区域或岗位的人员应穿戴不同颜色或不同标志的工作服、帽，以便区别。不同区域人员不应串岗。

2. 基础设施及维护方面

工厂应建在交通方便,水源充足,无有害气体、烟雾、灰沙以及其他危害食品卫生的物质的地区。工厂周围30米以内不得有露天厕所、垃圾堆和粪堆。厂区主要道路和进入厂区的主要道路应铺设适于车辆通行的坚硬路面(如混凝土或沥青路面)。路面应平坦,无积水。厂区应有良好的排水系统。

3. 工厂的建筑布局要合理

生产区应与职工生活区隔开。厂区内运输原料、成品应与运送垃圾、废料、煤炭分开设门,防止交叉污染。厂区和车间内的水、电、汽路应走向合理。锅炉房、厂区厕所和垃圾临时存放场地应处于生产车间的下风向。

4. 蜜饯厂的果蔬晒场需具备的条件

蜜饯厂的果蔬晒场应距公路、铁路50米以上,场面应平坦、不积水,用水泥、石板等坚硬材料铺砌。晒场支架应用钢筋或石条制成。晒场应有防蝇、防虫、防雨淋设施。晒场周围不得有垃圾和蚊蝇滋生地。

5. 加工车间与成品库

加工车间的面积应与生产能力相适应。加工车间进口处应有洗手池、鞋靴消毒池。加工车间应设有与车间人数相适应的更衣室、厕所和淋浴室。更衣室应与车间直接相通。厕所和淋浴室的门窗不得直接开向车间。厕所应为水冲式,并设有流动水洗手设施。车间内应光线充足,通风良好。地面应平坦,便于清洗,有良好的排水系统。天花板、门窗、墙壁应涂刷浅色无毒涂料。门、窗应安装纱门、纱窗或其他防蚊蝇设施。煮料和封口车间应安装足够能力的排气设备，排风口应装有易清洗、耐腐蚀的网罩。车间内应配备密闭式的废弃物料缸和下脚料临时贮存箱(桶)。直接接触食品的设备和工作器具应用无毒、无异味、不污染食品的材料制成。工作台应采用耐腐蚀、易清洗的材料制成，台面光滑。设备的安装位置应离开墙壁，以便于清洗、消毒。

成品库应与生产能力相适应，并做到专库专用。库内须有测温、测湿装置。地面垫板高度不得低于20厘米，并有防潮、防霉、防蝇、防虫和防鼠措施。

6. 企业应建立并实施下述前提方案

生产用水、冰、气等应符合安全、卫生要求。接触食品的器具、手套和内外包装材料等应清洁、卫生和安全；确保食品免受交叉污染；保证操作人员手的清洗消毒，保持洗手间设施的清洁；防止润滑剂、燃料、清洗消毒用品、冷凝水及其他化学、物理和生物等污染物对食品造成安全危害；正确标注、存放和使用各类有毒化学物质；保证与食品接触员工的身体健康和卫生；清除和预防鼠害、虫害；包装、储运卫生控制，必要时应考虑温度。

7. 原辅材料方面

企业应编制文件化的原辅材料控制程序，明确原辅料标准要求、采购与验收，并形成记录，定期复核。要求原辅料供应商应提供产品合格证书，各项指标均应符合相应产品质量或卫生标准要求。使用添加剂的品种和添加数量应符合GB 2760，出口产品应符合进口国要求。

运送原材料的车辆、工具应干燥、洁净，并有防雨、防污染措施。不得将原材料与有毒有害物品混装、混运。应使用无毒、易清洗的容器或包装袋(箱)盛装原材料。

8. 企业应制定选择、评价和重新评价供方

对原料、辅料、容器、包装材料的供方进行评价、选择。企业应建立合格供应方名录。采购的原材料应符合国家有关的食品卫生标准。

包装材料和容器应符合相应国家卫生标准，使用前应经紫外线照射或臭氧熏制。包装车间和成品库应保持清洁，温湿度适宜，车间应装置紫外线灯，仓库应定期消毒。

（三）市场调查

1. 市场调查的含义

市场调查是采取一定的方法，对市场上果脯蜜饯品种、价格、质量等影响果脯蜜饯经营管理的因素进行收集、记录、整理的过程，通俗地讲是对市场状况的调查。市场主要由商品销售者、消费者、购买力、购买欲望 4 个要素组成，围绕这 4 个要素及其之间的关系，产生了一系列复杂的购销关系，直接影响果脯蜜饯的生产。随着经济的发展，果脯蜜饯已经由卖方市场向买方市场转化。买方市场的形成标志着果脯蜜饯必须以消费者为中心，消费者需要什么就生产什么，需要多少就生产多少，需要什么质量就生产什么质量。遵守了这一市场规律就会使生产经营顺利进行，生产经营状况越来越好，违背了这一规律就会使生产经营受到挫折和失败。在激烈的市场竞争面前，只有准确把握市场行情，实行以销定产，才能取得经营优势，稳固占领市场，保持产销两旺的局面，推动生产不断发展。市场调查是收集经济信息、掌握市场行情的主要手段，每个经营者都应该重视市场调查，充分发挥市场调查在经营管理中的作用。

2. 市场调查的内容

进行市场调查，一般需要调查以下几个方面的内容。

(1)市场需求调查 市场需求调查是对目前市场上所需果脯蜜饯种类、数量和质量的调查。根据调查很容易知道目前市场上需要什么和需要多少。但由于市场变化很快，只知道目前市场上需要什么没有多少实用价值。进行市场调查的真正目的是推测市场将来需要什么，也就是根据现在市场需求的发展趋势推测将来的市场需求。市场需求调查不但要调查目前和将来市场需要什么产品，还要估计需求量有多大、哪一种质量档次的产品销售量最高、具体需要的时间等内容。通俗地讲就是购买什么？购买多少？什么时间购买？什么地方购买？为什么要购买等，以便于生产者在明确生产量的基础上合理确定生产品种和生产规模。随着经济体制改革的深入，城乡居民收入不断增长，人们对果脯蜜饯的需求越来越多，对果脯蜜饯的质量要求越来越高，因此果脯蜜饯生产厂家应根据市场需求情况及时组织生产。提高产品质量，调整花色品种，适应市场需求。

(2)市场竞争情况调查 在日趋激烈的市场竞争面前，生产者不但要知道自己的生产情况，还要充分了解竞争对手的情况，以便充分了解供求关系，合理安排生产，尽量发挥自己的优势，使自己立于不败之地。经营者只知道需求量还远远不够，还要了解市场的供应情况。有时虽然需求量很大，但供应量更大，总体供过于求，在这种情况下安排生产要慎重，只有在销路有保证或品种有优势时才可进行生产。对竞争对手情况的调查包括生产实力调查、经济实力调查、技术管理水平调查、生产产品种类调查、销售渠道和销售手段调查、经营特点调查等内容。在调查时还要对竞争手段进行充分的了解，对这些内容的了解有助于经营者合理确定竞争策略、安排产品生产。竞争的实质是对顾客的争夺，拥有了顾客就有了生存的空间，有了盈利的机会，有了比较广阔的发展余地。经营者在制定竞争策略时应充分考虑这一关键问题。

(3)销售渠道和销售方式调查 销售渠道调查是指对果脯蜜饯通过什么途径到达消费者手中的调查。弄清这个问题有助于经营者正确选择适合的销售渠道，使产品生产出来以后顺利地销售出去。产品销售渠道可分为两大类，一是直接出售给消费者，也就是直销。二是经中间商出售给消费者，即分销。若选择直销方式销售产品，需要亲自到市场上出售或在市场上设立门市部，需要相应的人力、财力、物力，要求经营者有相应的经济保证。直销也可以不设立直销门市部，而是把产品直接送到顾客手中，比如直销到消费量比较大的宾馆、酒店、学校、军队等。这种销售方式虽然价格较为合理，但花费精力大，需要一定的财力作基础。若经中间商出售，则省时省力，但经中间商加价后会降低产品的销售量。选择渠道要看同类产品都有哪些销售渠道，然后结合自己的实际情况决定。

销售方式是指产品的出售数量和出售价格的不同结合形式，包括批发、零售、分期付款等方式，这些方式各有特点，若批发，产品价格较低，但销售速度较快。若零售，产品价格较高，但销售较慢。在调查中，要注意各类消费者的消费习惯、生活习惯、付款情况等。不同的消费者的消费习惯有较大的差异，购买习惯也不同，而且有些消费者付款及时，有些按时结算，有些则拖延款项，因此出售产品时还要及时了解消费者的信誉情况，以决定采用何种销售方式和结算方式。

3. 市场调查步骤和调查表设计

进行市场调查一般要经历以下几个步骤。

(1)确定调查目标 确定调查目标是确定调查达到什么目的、解决什么问题，如同类产品的价格调查、产品供应量调查、产品质量调查等。一般进行调查是为了解决生产经营中存在的特定问题,因此调查要确定调查目标和调查范围。

(2)确定调查项目 调查目标确定以后,应根据调查目标确定从哪些方面进行调查,确定调查项目是对目标的分解。因此调查项目确定要以调查目标为依据,合理进行项目划分,以保证调查的准确性。

(3)确定调查对象 确定调查对象是根据调查目标和调查项目确定对谁进行调查。调查对象是调查项目的承担者,调查结果是否正确与调查对象有密切的关系。调查对象选择不准,容易导致调查结果不准确。

(4)选择调查方法 调查方法可以分为直接调查方法和间接调查方法。

直接调查方法是直接从被调查对象中获取资料的方法,有观察法、询问法等。观察法是调查者到实地去对调查对象进行观察和记录,避免让调查对象意识到在进行调查的一种调查方法。观察法则通过观察和记录了解调查内容,如市场情况调查时,调查者直接到市场去观察记录市场供应产品的品种、数量、质量等内容,这种方法能够了解比较客观、真实的情况,但花费时间较长,调查结果受调查对象的知识水平和业务水平影响较大。询问法是拟定调查表格和提纲,以询问形式向调查对象调查有关情况的方法,这种方法调查者与被调查者直接交谈,准备充分,结果有针对性,但受双方情绪影响较大,要求双方互相配合。

间接调查方法是查找、收集有关资料进行市场调查的方法。这种方法要求占有大量信息,如投资项目、市场价格、供求信息、经营管理政策法规等,然后进行整理、分析,从中掌握有关调查内容。

(5)调查结果处理 调查结果处理包括调查资料的整理分析和编写调查报告。结果的整理分析是将调查结果除去无效资料并将有效资料进行分类、归纳、统计等操作。在整理的基础上编写调查报告，调查报告应内容真实、重点突出、文字简练、数字准确、结果正确，提供翔实的决策依据。

（四）经营预测

1. 经营预测的内容

经营预测是在市场调查的基础上，依据所占有的真实可靠的资料对经营概况进行估计和推测。在果脯蜜饯生产经营中预测准确，会增强竞争能力，减少经营风险；预测不准就会使经营出现风险。经营预测主要有以下几种。

（1）生产预测 生产预测是对果脯蜜饯生产项目、生产规模、产品结构等发展趋势的推测。企业可根据生产预测制订长远的发展计划，并随着生产的发展，不断调整生产项目，改善产品结构，扩大生产规模。

（2）资源预测 资源预测是对果脯蜜饯生产所需的各种资源的推测。如原材料资源、劳动力资源、资金来源等。资源是生产赖以生存和发展的基础，因此在确定经营项目和经营规模时，必须依据现有的资源情况，合理利用和开发资源，保证经营不断扩大。

（3）销售预测 销售预测是对果脯蜜饯产品供应量、价格和产品需求时间等的推测。这类预测与生产经营关系最为紧密。根据销售预测情况，确定销售价格、销售量、销售地区、销售时间等，制订生产计划，合理安排生产。

（4）经营成果预测 经营成果预测是对一定时期内的总收入、总成本、人均收入、利润等内容的预测。进行生产经营要达到一定的经济目的，对经营成果的预测是进行生产活动的基础，在生产经营还未开始前就必须预测经营成果，对生产经营成果的追求是生产经营的永久动力。对经营成果的估计应建立在对生产量、销售量及销售价格预测的基础上才比较可靠。

2. 经营预测的步骤和方法

进行经营预测应遵守以下基本步骤。

(1)确定预测目标 预测目标一般根据经营决策的需要确定。预测目标表述要准确、具体，比如某种果脯蜜饯的价格预测，一定要把什么品种、什么时间上市、价格多少、需求量多少、在何种市场上销售等内容确定下来，才能有计划、有目的地进行预测。

(2)分析整理资料 进行经营预测需要大量的资料，对在调查中所获得的资料，应分类编号，分类整理，剔除无关资料和无效资料，将有效资料列成表格，以便参考。

(3)选择预测方法进行预测 根据预测目标种类和特点选择合适的预测方法。经营预测方法按数据资料和预测结果之间的关系可分为3种：时间关系模型、相关关系模型和结构关系模型。时间关系模型是指预测对象和时间的变化呈规律性变化；相关关系模型是指预测对象和其他相关因素有一定的规律性；结构关系模型是指当一个因素是处于某一个整体结构中，整体结构中各部分之间存在一个能够确定的比例时，可以用这种模型进行预测。如人们的总收入在一定范围内用于吃、穿、住、用等方面的花费存在一个大概比例关系，我们可以根据这种比例关系，预测人们用于果脯蜜饯方面的消费量。

(4)调整预测结果，编写预测报告 预测结果确定以后，为了减少预测误差，根据具体情况，对结果进行适当调整，然后编写确切、可靠、简洁的预测报告，供决策时参考。

3. 预测方法

预测方法有定性预测法和定量预测法。定性预测法是根据人们以往的经验进行推测和估计；定量预测是根据所获得的资料，通过计算统计得到预测结果。在实际工作中,往往 2 种方法并用,以增加预测的可靠程度。

(1)经验判断法 经验判断法是由经验丰富的有关人员,根据有关信息对预测对象进行估计和推测。参与预测的人员有 4 类:经营管理人员、经济专家、销售人员、消费者。这 4 类人员与经营管理关系最为密切,最具有代表性。预测组织方式有开会、电话联系、信函等。这种方法往往带有一定主观性质,受感情因素影响较大。

(2)定量预测法 定量预测法是根据以前积累的数据资料,通过计算统计对预测对象进行推测和估计。常有以下几种方法。

①简单平均法 简单平均法是把预测对象以前各期的数字进行简单平均,所得结果作为预测值的一种预测方法。计算公式为:

$$X=\frac{X_1+X_2+X_3+\cdots\cdots X_n}{n}$$

②加权平均法 加权平均法是把预测对象以前各个时期的数据以及对预测结果的影响进行平均。把每个数据对预测结果影响大小按一定的权重进行计算。以 X_1、X_2、X_3、……X_n 代表各个时期的数据,以 F_1、F_2、F_3……F_n 代表各个时期资料的权重,计算公式为:

$$X=\frac{X_1F_1+X_2F_2+X_3F_3+\cdots\cdots X_nF_n}{F_1+F_2+F_3+\cdots\cdots F_n}$$

③移动平均法 移动平均法是在简单平均法的基础上考虑到数字变化的趋势是否分配权重的一种预测方法。这种方法主要是考虑到数值变化的趋势,所以也叫趋势平均法。根据计算时是否分配有权重,可以分为简单移动平均法和加权移动平均法。

④增长比率法 增长比率法是根据预测对象过去增长百分比,预测下一期发展情况的方法。这种方法要根据以上情况市场

调查取得至少前两期的实际数据资料，也可根据有关统计资料，得到增长率，然后进行预测。

（五）经营成果核算

经营成果是在一定的时期内经营活动所取得的有用成果。成果核算是对经营活动的全过程进行连续、系统、完整的记录，并进行记录的分类、计算、分析，研究产出与投入的关系，提高盈利能力的一项管理活动。通过核算不但能使企业合理利用资源，节约劳动消耗，而且有利于提高管理水平，提高经济效益。

1. 成本核算

成本核算的范围 果脯蜜饯成本核算是指在产品生产过程中消耗的物质材料的价值和支付劳动力报酬之和。

生产成本是果脯蜜饯价格的主要组成部分，是制定价格的重要依据。生产费用包括直接费用和间接费用。直接费用是直接用于某产品生产的费用可以直接记入该产品的生产成本，如原料、能耗、工资、维修等。间接费用不是用于某一产品的生产，只有按一定比例分摊后才能记入产品生产成本，如设备折旧、广告宣传等。

果脯蜜饯在进行成本核算时应注意下列问题。

(1)正确划分生产成本与期间费用的界限 生产成本是指与生产有关的直接费用和间接费用，产品销售费用、管理费用和财务费用不能记入生产成本，只能记当期损益。

(2)正确划分本期成本费用和下期成本费用的界限 在成本计算期内发生的生产经营费用，记入本期成本；本期开始延续至下期的生产项目，其费用应由各期分别负担。

(3)正确划分成本计算期 一般以一年为计算期，个别产品可以一个生产周期为计算期。

(4)正确划分直接费用与间接费用之间的界限 各项直接费用直接记入生产成本,间接费用按一定的分摊办法分摊后记入生产成本。

(5)正确划分成本费用和非成本费用之间的界限 对于国家规定的不得列入成本的支出项目不能列入产品的生产成本。

(6)采用正确的成本形态 果脯蜜饯的生产成本有计划成本、定额成本、估计成本和实际成本4种形态。其中不得以前3种成本形态代替实际成本,有时可以以其他成本形态记账,但最终核算时应调整为实际成本。

(7)正确划分本期完工和期末在产品的费用界限 本期某种产品应负担的生产费用总额,由本期完工产品和在产品共同负担,采用适当的分配办法分配有关费用。

成本核算的程序和方法

果脯蜜饯成本核算的程序:确定核算对象→设置科目、账户→复式记账、借贷记账法、审核填制记账凭证→登记账簿→归集费用→分配间接费用→计算总成本→计算主、副产品的单位成本。

(1)确定核算对象 指核算什么形态成本,以什么作为核算对象,果脯蜜饯一般以产品总成本、单位产品成本为核算对象。

(2)归集费用 指果脯蜜饯生产期内,把生产该果脯蜜饯的成本项目归集在一起的过程。

(3)间接费用分摊 间接费用归集一起后,按下列方法分摊。

①按直接生产人员的劳动时间分摊。

②按生产人员工资分摊。

③按原材料成本分摊。

④按直接成本分摊。

⑤按产品产量分摊。

⑥按生产该产品占用设施时间分摊。

(4)计算总成本 总成本$=\Sigma$直接费用$+\Sigma$间接费用。

2. 利润核算

(1)基本业务收入 核算指企业所从事的基本业务范围内的经营活动,由于销售产品而实现的收入。确认实现基本业务收入是进行收入核算的前提。在确认收入实现方面注意收入实现的时间和数量,应注意以下几个方面。

①产品已发出,同时已收讫价款,或者取得索取价款的依据。

②确认收入实际发生额。销售退回,销售折扣,销售折让应作为销售收入的抵减项目入账。

③交款提货的,货款已收,发票、账单、提货单已交给对方,无论产品是否发出,都应作为收入的实现。

④委托代销产品,在代销单位售出产品并收到代销单位的代销清单后,作为收入的实现。

⑤采用预收货款销售,在产品发出时,作为收入实现。

(2)其他业务收支核算 其他业务收入包括材料物质销售收入、技术转让收入、代购代销手续费收入、固定资金出租收入、固定资产盘盈、包装物出租收入、罚款收入、无法支付的应付款等。其他业务支出包括材料销售成本、出租固定资产折旧、出租包装物摊销费、按照其他业务收入计算应交纳的税金及附加、固定资产盘亏、固定资产报废和出售净损失、非正常停工损失、捐赠、赔偿金、违约金等。

其他业务收支净额=其他业务收入－其他业务支出

(3)期间费用核算 期间费用是为组织管理生产经营活动而发生的各项费用,期间费用应按发生时间和实际发生额确认,记入当期损益。

销售费用是销售产品所发生的费用,如销售过程中发生的运杂费、保险费、展览费、广告费、销售人员工资等。

管理费用是为组织生产所发生的费用,包括管理人员工资、有关固定资产折旧、职工教育费、劳保费、招待费、车船使用税、技术转让费、无形资产摊销、存货盘亏等。

财务费用是为筹措资金而发生的支出，包括利息支出、汇兑损失及有关手续费。

(4)税金及附加核算 经营者应按税法规定上缴税金，执行国家有关税务政策。

(5)利润核算 利润是生产者在一定时期内实现的经营成果。利润是一个重要的效益指标和经济效果评价指标，利润高低直接反映企业经营管理水平、市场竞争能力和对各生产要素的利用情况。

利润总额＝销售利润＋投资净收益＋其他业务收支净额

销售利润＝基本业务收入－生产成本－期间费用－税金及附加

（六）产品营销

1. 营销的作用

营销是通过有关活动采用一定的方法、手段，使消费者购买产品，达到销售产品、树立品牌的目的。营销具有以下作用。

(1)沟通和传递信息 通过营销将商品有关情况传递给消费者，了解消费者及销售环节对商品的看法，生产出适销对路的产品。

(2)诱导需求 通过营销活动向消费者介绍产品的特点，增进消费者对产品的了解，提高产品的知名度，引发需求，扩大销售量。

(3)巩固市场，强化优势 通过营销活动强化企业产品在某一方面所处的优势，在社会上树立良好的企业形象，提高竞争能力，巩固市场占有率。

在营销活动中，应实事求是，诚信经营，遵守社会主义商业道德和国家有关法律法规，同时注重市场调查，为产品适销对路打好基础。

2. 人员营销

(1)人员营销及其特点 人员营销是指在一定条件下，推销人员运用一定的推销技巧，说服用户接受产品，扩大销量的一种促销手段。其核心是说服用户接受产品，这是一种较常见的营销手段，其效果往往高于其他推销方法。人员营销具有以下特点。

①宣传针对性强 推销人员可以各类顾客的要求、动机、行为及产品特点，有针对性的用语言、动作、表情说服感染顾客，进而达到销售目的。

②方法灵活 推销人员和用户当面洽谈，可以根据对方的态度、感情倾向，采取相应的推销方法。

③及时准确地了解顾客意见 在推销过程中，推销人员可以及时地了解顾客的意见，掌握消费需求的最新动向，促进产品的不断更新换代，满足用户要求。

④推销费用高，传播面窄 采用人员营销的方法，由于营销人员的交通、食宿等需要，费用较高，同时营销人员活动范围较窄，影响面较小。

(2)人员营销的方式

①建立销售人员队伍 建立自己稳定的销售人员队伍是进行人员营销的保证，人员包括内销人员和外销人员。内销人员主要指电话联系、来宾接待、洽谈业务等在企业内的销售人员；外销人员指外出联系业务、登门拜访等在企业之外的销售人员。建立自己的销售人员队伍，易于控制，但花费较大。

②使用合同推销人员 经营者在人员不足时，可以以签订合同的形式聘请代理商或推销人员，以推销数量多少支付报酬。这种形式人员广泛，便于开展工作，但队伍不稳定。

(3)人员营销组织 人员营销组织包括选择销售对象、接近顾客、做好异议转化和成交4个环节。

①选择销售对象 选择销售对象是进行营销的首要任务，一般可以根据各种途径收集的资料寻找顾客，并根据顾客特点制定营销方案。

②接近顾客 首先通过各种渠道了解顾客的情况，如年龄、籍贯、性格、爱好、学历、亲戚朋友等，然后准备拜访理由，采用适当的约见形式，使其接受推销人员，最后做好面谈准备，特别是仪容仪表和谈话技巧。

③异议转化 在和顾客谈话时，会出现各种异议，如价格异议、质量异议、时间异议等，要做到不和顾客争论、耐心听取顾客意见、婉转回答顾客异议，使对方尽量接受自己观点，达到营销目的。

④成交方法 主要采取直接请求、缩小选择、解除疑虑、损益对比、故事叙述、借用第三者等方法，达到成交目的。

(4)营销人员管理

①加强政策法规学习，提高营销人员素质。

②加强营销人员的激励与评价工作。

3. 广　告

广告是借助各种媒体，运用一定形式向顾客传递商品信息的一种营销手段。在现代经济社会中，广告发挥着越来越重要的作用。

(1)广告的作用

①提供和沟通供需信息。

②刺激顾客需求，扩大销售量。

③指导顾客消费。

④树立企业形象，提高产品知名度。